기억하는 것은
같은 공간을 다시 여행하는 것

- 움베르토 에코

로쟈와 지바고의 길 위에서

On the road with Rodya and Zhivago

물들래

STUDIO M

물들래의 인물 1

로쟈와 지바고의 길 위에서
On the road with Rodya and Zhivago

1판 1쇄 펴냄 / 2021년 3월 2일

지은이 / 물들래
펴낸이 / 송혁, 이도훈
총괄편집 / 이도훈
디자인 / 송혁
펴낸곳 / 미토콘드리아 스튜디오
출판등록 / 제2020-000007호
주소 / 서울시 송파구 송파대로 111, 203동 630호 (문정동, 파크하비오)
전자우편 / studio.mitochondria@gmail.com

ⓒ 물들래 2021
ISBN 979-11-973146-0-5(03980)

죄와 벌,
로쟈의 길 위에서

차례

일러두기

- 책은 《   》, 영화와 시는 〈   〉로 표시했습니다.
- 외래어 표기는 국립국어원 외래어표기법에 따랐습니다.

닥터 지바고,
지바고의 길 위에서

차례

프롤로그

로쟈의 길 위에서

두 얼굴의 상트페테르부르크

모스크바 국립 도서관 앞에는 도스토옙스키의 동상이 세워져 있다. 러시아의 전부라고 표현되기도 하는 푸시킨 외톨스토이, 고리키, 고골, 체호프, 투르게네프 등 수많은 문호들이 있음에도 도스토옙스키의 동상이 지성의 상징이라고 할 수 있는 국립 도서관 앞에 자리하고 있다는 건 어떤 의미일까? 그가 누구도 넘기 힘든 산 같은 존재, 경외감을 불러일으키는 존재임을 단적으로 보여준다.

　국립 도서관 입구로 들어서면 앉을 공간이 많아서 좋다. 날씨 좋은 날, 책 한 권 가지고 와서 햇볕을 쬐며 책 읽기에 더없이 좋은 공간이다. 도서관 한 켠에 있는 의자에 앉아 도스토옙스키에 대해 생각하다 문득 청소년 시절 읽었던 《죄와 벌》이 떠올랐다. 시험 공부가 잘 안된다는 핑계로 책에 빠져 그해 학기말 시험을 망쳤던 기억.

　그런데 지금 생각해보면 시험공부가 아무리 지겨웠어도 쉽게 읽을 수 있는 분량의 책도 아니었고 내용도 만만하지 않았던 것은 분명했다. 그럼에도 불구하고 엄청난 두께의 이 책을 끝까지 읽을 수 있었던 건 소냐 덕분이었다. 비록 어렸어도 나는 그녀의 모든 말과 행동에 충분히 공감할 수 있었다. 창녀였지만 성녀의 이미지가 더 강했던 소냐라는 인물이 이 소설에 없었다면 나는 읽기를 포기했을지도 모른다. 더불어 로쟈의 여동생 두냐와 로쟈의 친구인 라주미힌의 러브 라인은 시험 공부를 뒷전으로 하고 더 깊이 책속에 빠져들 수 있게 도와주었다.

" 완독이라는 것은 실은 대단한 일이다. 그만 읽고 싶다는 유혹을 수없이 이겨내야만 하니까 "

- 김영하

《죄와 벌》을 완독했을 때의 성취감은 뭐라고 설명하기 어려울 정도로 벅찬 것이었다. 도스토옙스키의 필력과 소설적 장치들이 마치 내 멱살을 쥐어잡고 끌고가는 느낌이 들었을 정도로 강렬했다. 그만 읽고 싶다는 유혹보다 책 속의 캐릭터들의 유혹에 점점 더 빠져들었다. 이러한 강렬함은 내가 어린 나이에도 완독의 기쁨을 느낄 수 있게 해 주었다. 나뿐만 아니라 함께 책을 읽었던 몇몇 친구들도 가슴 벅찬 완독의 기쁨을 느꼈다. 방과 후 교실 한쪽에 책상을 붙여놓고 서로 목에 핏줄을 세우며 이야기꽃을 피웠다. 친구들 모두 소냐에 공감했던 기억이 있다. 40년이 훨씬 지난 지금, 적극적으로 생각을 표현하던 학창 시절이 어렴풋이 떠올랐다.

어린 시절 완독 후의 감정에 중독된 듯, 시간이 지나 성인이 되어 《죄와 벌》을 다시 읽게 되었다. 그리고 작품 속 배경지가 상트페테르부르크에 있다는 것을 알게 되었다. 기회가 된다면 《죄와 벌》 작품 속 흔적을 따라서 여행을 꼭 해보고 싶다는 바람이 있었다. 그런데 생각보다 빨리 그 기회가 찾아왔다. 2018년 여름, 도스토옙스키의 《죄와 벌》 작품 속 배경지인 상트페테르부르크로 향했다.

"'욕설과 밀고가 난무하는 돼지 같은 상트페테르부르크',
그리고 '표트르의 창조물인 엄격하고 균형잡힌 모습의 상
트페테르부르크'."

-푸시킨

21세기의 상트페테르부르크에 서서 19세기의 상트페테
르부르크를 상상할 수 있는 실마리는 오래전 메모에서 발견
할 수 있었다. 푸시킨이 친구에게 보냈다는 편지에 적혀져
있는 두 모습의 상트페테르부르크. 짧은 여행에서 푸시킨처
럼 도시의 두 얼굴을 동시에 볼 수는 없었다. 내가 볼 수 있
었던 건 표트르의 창조물인 엄격하고 균형잡힌 모습의 상트
페테르부르크뿐이었지만, 욕설과 밀고가 난무하는 돼지같
은 상트페테르부르크의 모습은《죄와 벌》이라는 작품을 따
라가는 과정에서 내 머리 속으로 충분히 상상할 수 있었다.

도시도 인간도 이중적인 면이 있다. 그 이중성이 본질인
도시가 상트페테르부르크인 것 같다.

로쟈의 길 위에서

소설과 현실 사이에서

| 본문 시작 전, 일러두기
작품 속 등장인물, 괄호 안의 이름으로 통일
로지온 로마노비치 라스콜니코프 (로쟈)
소피아 세묘노브나 마르멜라도바 (소냐)
아르카지 이바노비치 스비드리가일로프 (스비드리가일로프) - 두냐가 가정교사로 있던 집의 가장

| 《죄와 벌》 참고 자료
표도르 도스토옙스키, 《죄와 벌 상권, 하권》, 김희숙 옮김, 을유문화사, 2012
석영중, 《매핑 도스토옙스키》, 열린책들, 2019
안나 도스토옙스카야, 《도스토옙스키와 함께한 나날들》, 최호정 옮김, 엑스북스, 2018
석영중의 〈플라톤 아카데미 TV 지혜의 향연〉

카즈나체이스카야 거리 7번지

| 죄와 벌에 대한 고민이 시작된 곳,
무엇이 '죄'이고 무엇이 '벌'인가?

도스토옙스키가 죄와 벌에 대한 고민을
시작한 곳. 그곳이 바로 이 카즈나체이스
카야 거리 7번지이다. 나는 오래도록 그
공간에 머물렀다. 그렇게 로쟈와 소냐가
태어난 공간 앞에 머물면서 도스토옙스키
의 흔적을 느껴보았다. 위대한 작가에게
도 청년 로쟈의 복잡한 심경을 따라가며
글을 쓴다는 것은 분명 힘겨운 여정이었
을 것이다. 이런 엄청난 작업이 이루어진
역사적인 공간 앞에서 쉽게 발걸음이 떨
어지지 않았다.

이곳에 서면 자연스럽게 생겨나는 죄와 벌에 대한 질문.
그 질문에 대한 답은 책 속에서 찾을 수도 있고, 내 마음속
에서도, 또는 각자의 내면 안에서도 찾아볼 수 있다. 단순
한 질문인 것처럼 보이지만, 대답은 조금씩 다를 것 같다.

S 골목과 K 다리

| 골목과 다리, 도시의 혈관을 따라 시작하는 문학 기행
범죄를 향해, 살인을 향해.

" 7월 초, 지독히도 무더운 때의 어느 저녁 무렵, 한 청년
이 S 골목의 셋집에 있는 자신의 조그만 하숙방에서 거리로
나와, 왠지 망설이는 듯한 모습으로 느릿느릿 K 다리 쪽으
로 발걸음을 떼었다. " [1]

흔히들 이 문장을 완벽한 문장이라고 한다. 건조한듯 무거운 이 짧은 문장 안에 시간과 공간과 인간 모두가 어우러져 있다. 그 중 한 사람이 어딘가를 향하여 움직이고 있다.

범죄를 향해, 살인을 향해.

나는 8월 중순경 로쟈의 발자취를 따라서 걸었다. 로쟈가 범죄를 계획하고 실행하기 전과 그 직후, 그리고 마침내 범죄를 끝낸 이후까지, 그의 불안한 심리와 극도의 분노가 잘 표현됐던 S(스톨랴르니) 골목과 K(코쿠시킨) 다리는 문학 기행의 출발점이 되어주었다.

로쟈의 하숙집

| 비극의 둥지

돈은 주조된 자유다. 그래서 자유를 박탈당한 사람들에게 돈은 열 배나 더 소중하다.

도스토옙스키가《죽음의 집의 기록》에 남긴 문장이다. 로쟈에게도 돈은 소중할 수 밖에 없었다. 빈곤한 학생이었던 로쟈 역시 매우 가난한 상태였기 때문에 부족했던 돈으로부터 물론 자유로울 수 없었다.

작품을 쓸 당시 로쟈의 하숙집은 5층 다락방이었다. 지금은 새로 지은 4층 건물로 바뀌었기 때문에 당시 모습을 찾아보기는 어렵다. 하지만 작품 속에서 창고 같이 어둡고 비좁은 옥탑방이 너무나도 생생하게 묘사되고 있기 때문에, 지금의 건물 위에 로쟈의 삶을 어렵지 않게 얹어 볼 수 있었다.

" 그의 좁은 방은 높다란 5층 건물의 지붕 바로 아래에 있었는데, 방이라기보다는 차라리 장롱에 가까운 곳이었다. " [2]

" 마침내는 장롱, 아니 궤짝과도 다를 바 없는 이 누렇고 좁디좁은 방이 답답해서 숨이 막힐 것만 같았다. " [3]

" 네 방은 어쩜 이렇게 지독하니, 로쟈, 꼭 관속 같구나. 네가 그런 우울증에 빠진 것도 틀림없이 절반은 이 방 때문일 게다. " [4]

" 낮은 천장과 좁은 방은 영혼과 이성을 눌러 버려! 아아, 난 그 개집 같은 방을 얼마나 증오했는지 몰라! " [5]

로쟈와 그가 살았던 공간에 대한 묘사가 너무나 생생해서 지금도 그 주변에 그와 비슷한 인물이 살고 있지 않을까 하는 생각에 주변을 두리번거렸을 정도다.

하루하루의 삶을 이루는 공간이 얼마나 중요한지에 대해서는 새삼스레 말하지 않아도 모두가 잘 알고 있다. 사람이 처한 환경이 인성과 정신은 물론 이성과 정서에까지 미치는 영향은 말로 다 표현할 수 없을 정도로 클 것이다.

나는 이곳에서 인간이 살아가는 데 필요한 최소한의 공간이라는 것에 대해 생각해보았다. 관이나 장롱 같은 좁고 어두운 공간에 너무 오래 갇혀 있다보면 악에 받치고 심술이 날 수도 있을 것이다. 더욱이 그런 공간에서 깊이 생각에 빠져버리는 건 어쩌면 너무 당연하다. 그러다 생각의 숨통이 막혀서 갇혀버리면 출구도 못 찾게 된다. 결국에는 극으로 치닫는 상황과 맞닥뜨릴 수밖에 없다.

작품 속 로쟈의 삶이 그랬다. 장롱 같은 좁은 방구석에 틀어박혀서 로쟈가 생각할 수 있는 것이 많지 않았을 것이다. 그 환경을 벗어나고 싶어했던 강렬한 욕망에 충분히 공감이 갔다.

유수포프 공원

|완충지대

"그는 잠시 동안이긴 해도 이 일과는 전혀 상관없는 어떤 생각에 빠져 있었다. 심지어 유수포프 공원 옆을 지날 때는 광장마다 높은 분수를 설치하면 공기를 얼마나 상쾌하게 해 줄까 하는 생각에 몰두하기도 했다."[6]

범죄를 실행하기 위해 전당포로 향하던 로쟈는 유수포프 공원 앞을 지나게 된다. 위의 글은 그때 라스콜니코프의 범행 전 심경이다. 매우 인상적이었다. 인간의 내면은 파고 팔수록 깊어지는 걸까? 범행을 시도하기 직전에 어떻게 이런 생각을 할 수 있을까? 도저히 이해할 수 없다가도 어느 순간, 그래 인간이니까 그럴 수도 있지, 하며 공감하게 되었다.

대부분의 사람들도 경험해본 적이 있을 것이다. 두려움 때문에 망설여지는 일들, 하지만 정작 일이 벌어지고 나면 그다지 두렵지 않은 경우가 있다. 아니, 예상과 달리 전혀 두렵지 않았던 순간들.

잡념을 털어내고 돌아보니 새로운 풍경이 눈에 들어왔다. 이 공원 앞을 지나면 상트페테르부르크를 '문학의 도시'라고 부르는 이유를 알 수 있다. 벤치 곳곳에서 책을 읽고 있는 사람들이 보였다. 이 도시가 문학의 도시가 된 것은 푸시킨, 도스토옙스키, 고골, 체호프와 같은 유명 작가를 배출했기 때문이라고 생각했는데, 그 때문만은 아니라는 이야기를 들은 적이 있다. 그 작가들의 작품을 읽어주는 독자들이 많은 도시이기 때문에 '문학의 도시'라는 이름을 얻게 되었다는 것이다. 이 도시가 정말 꼭 어울리는 이름을 가지고 있다는 것을 공원에서 느낄 수 있었다.

그러다 문득 다시 로쟈 생각이 났다. 그도 그 공원에서 혹시 독서를 했을까? 어쩌면 도스토옙스키도 공원 산책을 즐기며 어느 벤치엔가 앉아서 독서를 즐겼을지도 모르지... 뭐 이런저런 잡다한 생각을 하면서 빈 벤치에 앉아 잠시 푸른 하늘을 바라보다가 이내 로쟈의 발걸음을 놓칠세라 그의 뒤를 다시 쫓았다.

노파의 집

| 죄의 현장
하느님 맙소사! 달아나야 한다, 달아나야 한다!

노파의 집이 코앞이다. 4층은 노파의 집이다. 나도 모르게 안으로 들어가 중정에서 하늘을 올려다 보았다. 로쟈도 범행 전 저 하늘을 올려다 보지 않았을까? 범죄를 저지른 시각은 7시가 넘은 시각이었다. 밤이니까 어두운 하늘을 마주했을 것이다. 아니, 7월이었으니 백야로 밝았을 수도 있었겠다.

" 잠시 뒤 빗장을 빼는 소리가 들렸다. " [7]

　　노파를 살해하기 위한 범행은 완전 범죄를 위해 백치 같
은 그녀의 이복 여동생 리자베타까지 살해하고서야 끝이 난
다. 바로 이 건물 4층에서 벌어졌을 끔찍하고 잔인한 살인
과정을 읽는 동안 오감이 발달한 내 후각 탓에 주변에서는
이미 진한 피 비린내가 번져오는 느낌이었고 두 손은 어느
새 머리를 감싸 쥐고 있었다.

" (범행을 마친) 그는 생각에 깊이 잠긴 채, 방 한가운데
에 우두커니 서 있었다. 괴롭고 어두운 생각이 가슴속에서
고개를 쳐들었다. 자신은 지금 미쳐 가고 있고, 이 순간 판
단력도, 스스로를 지킬 만한 힘도 없으며, 어쩌면 지금 전혀
필요 없는 행동만 하고 있는지도 모른다는 생각이었다. " [8]

　　그러나 얼마 지나지 않아 그는 반사적으로 행동한다. 그
상황이라면 누구나 그랬을 것이다.

' 하느님 맙소사! 달아나야 한다, 달아나야 한다! ' [9]

　　문을 연 뒤 빠져나가려고 하나 쉽지 않았다. 전당포 방문
객들을 피해 2층에 숨어들고, 아슬아슬하게 계단을 내려온
다. 그리고 붉은 문을 밀고 나와서 우측 검은색 통로 쪽으
로 벗어난다.

" 계단에는 아무도 없었다! 대문 아래도 마찬가지였다. 그
는 재빨리 대문을 지나 거리에서 왼쪽으로 방향을 꺾었다.
드디어 골목이다. 그는 초주검이 되어 그 골목으로 접어들
었다. " 10

　노파의 전당포가 있는 대문을 빠져나오면 만나게 되는 외
부 풍경이다. 바로 이 거리에서 로쟈는 왼쪽 방향으로 도망
쳤다. 밖으로 나와서는 내가 범행을 저지른 양 깊은 한숨이
나오면서 다리에 힘이 빠져나가는 느낌이었다. 작품 속 로
쟈의 불안한 심리를 생생하게 쫓아갔던 인상 깊은 시간이
었다. 머릿속에는 걷잡을 수 없는 상념의 조각과 파편들이
들끓고 있었으나, 아무리 애를 써도 그 어느 하나도 붙잡을
수 없었고, 어느 하나에도 머무를 수가 없었다. 로쟈도 그랬
을 것이다.

　전당포 자매를 살해한 후, 로쟈는 불안해서 걷고, 이유 없이 걸었다. 정처 없이 걷고, 끊임없이 또 걸었다. 그렇게 걷다가 짜증도 자주 냈고, 예민하게 신경질적인 모습을 보이기도 했다. 어디로 튈지 모를 로쟈의 성격은 책을 읽던 나에게도 순간순간 영향을 끼쳤다. 나 역시 책을 읽다가 어느 순간 짜증이 났다가 지쳤다가를 반복했다.

　걸으면서도 그는 끊임없이 생각하고 또 생각하다가 그곳이 외지다고 느끼면 불안감에 재빨리 사람들 사이에 섞여서 걸었다. 로쟈를 뒤쫓아 갔던 곳은 경찰서였다가, 범죄 현장이었다가, 소냐의 집이었다가, 운하 위 다리였다가, 자신의 장롱 같은 5층 다락방이었다가, 유수포프 공원이었다. 어느 순간 그는 노름할 돈을 빌리기 위해 여기저기 휘청거리며 걷고 있던 도스토옙스키로 치환됐다. 그 둘은 다른 사람이었다가 순간순간 동일 인물로 내 앞에 다가서곤 했다. 이후에도 비슷한 경험을 몇 차례 더 했다.

" 나는 틀림없이 이(蝨)다. 그는 이를 갈면서 덧붙였다. 왜냐하면 살해당한 이(蝨)보다 어쩌면 나 자신이 더 더럽고 추악한지도 모르니까. 그리고 죽이고 난 뒤에 나 자신에게 이런 말을 반드시 하게 되리라는 것을 처음부터 예감하고 있었으니까! " [11]

소냐의 집

| 고백의 순간
소냐, 어떤 궤변도 늘어놓지 않고 그냥 죽이고 싶었어.
나 자신을 위해, 오직 나 한 사람을 위해!

친구 라주미힌에게 어머니와 여동생을 부탁한
후 로쟈는 그 길로 소냐가 살고 있는 집을 찾아
나섰다. 소냐의 집은 그리보예도프 운하를 따라
걷다 보면 카즈나체이스카야 거리와 가까운 곳
에 위치하고 있다.

   소냐는 녹색을 칠한 오래된 3층 집의 2층에 있는 재봉사
집에 세 들어 살고 있었다. 소냐를 찾아간 로쟈는 자기 안에
있는 괴로움을 토로해 냈다.

   " 소냐, 어떤 궤변도 늘어놓지 않고 그냥 죽이고 싶었어.
나 자신을 위해, 오직 나 한 사람을 위해! 과연 내가 노파를
죽인 걸까? 난 나 자신을 죽였어. 노파가 아니라! 그렇게 단
번에 나 자신을 죽여 버린 거야, 영원히......! "

   " 당신은 죽도록 괴로울 거예요, 죽도록 괴로울 거예요. "

   " 내가 감옥에 가게 되면 면회 와 주겠어? "

   " 네, 그럼요! 그럼요! " [12]

처절한 삶을 이어가야 하는 두 청춘이 이 가슴 아픈 대화를 나누는 장면에서 아무 감정도 느끼지 못하는 사람이 있을까? 불안과 죄책감, 고립과 단절, 고뇌와 희생, 좌절과 절망이 뒤엉킨 이들의 대화에서 그 어떤 감정도 끌어낼 수 없다면 감정을 상실한 인간임에 분명하다.

문학기행을 떠나기 전, 다시 잡은《죄와 벌》은 나에게 또한 번 놀라운 경험을 선물해주었다. 로쟈가 소냐에게 살인자임을 고백하는 장면에서는 나도 모르게 눈시울이 뜨거워졌다. 그때도 그랬다. 청소년기 친구들과 책을 읽고 이야기를 나누던 그 시절에도 이 장면에서 눈물이 쏟아졌었다. 모든 내용을 알고 있었음에도 불구하고, 어린 시절 눈물 짓던 그 문장에서 눈물은 어김없이 흘렀다.

센나야 광장

| 마지막 입맞춤

*"그는 광장 한가운데에서 무릎을 꿇고 땅까지 몸을 굽혀 절을 하고
환희와 행복감에 휩싸여 그 더러운 땅에 입을 맞추었다.
그는 일어서서 또 한 번 몸을 굽혀 절을 했다."*[13]

　　강과 운하가 맞닿는 지점에 있는 센나야 광장과 시장 주
변은 예전부터 우범 지대였다. 빈민가와 사창가로 끊임없
이 각종 범죄가 일어났던 장소로 유명했던 그 광장 앞, 저 멀
리서 무릎을 꿇고 땅에 입을 맞추고 있는 한 사람이 보이는
것 같았다. 로쟈. 흐릿한 실루엣을 자세히 보고 있노라니 로
쟈가 아니라 도스토옙스키였다. 어렴풋이 보이는 얼굴에는
그 두 사람의 얼굴이 매우 기이하게 중첩된 것도 같았다. 로
쟈를 따라 걷는다는 것은 도스토옙스키를 따라 걷는 것이기
도 했다. 그렇게 여행 내내 두 존재는 묘하게 뒤섞인 채 내
주변을 맴돌았다.

센나야 광장은 여러 골목이 연결되어 있다. 로쟈는 어느 골목길을 지나 경찰서를 향해 걸었을까? 더 또렷한 그의 뒷모습을 마주할 수 있을까 하는 마음에 센나야 광장 주변에서 이 골목 저 골목을 기웃거려 보았다. 로쟈의 슬픈 행진에 줄곧 동행했을 소냐의 발자취도 찾고 싶었다.

두 사람은 운명적인 장소까지 거리를 두고 함께 걸었다. 그렇게 걷다가 로쟈는 어디쯤에선가 멈춰 서서 숨을 돌렸을 것이다. 인간다움을 잃지 않기 위해 잠시 걸음을 멈추고 옷매무새를 고쳤을 것이다. 그리고 경찰서가 있는 위층으로 올라가서 '조용한 목소리로 띄엄띄엄, 그러나 또렷하게' 말했다.

" 바로 제가 그때 관리의 과부인 노파와 그 여동생 리자베타를 도끼로 죽이고 금품을 훔쳤습니다. "[14]

라스콜니코프는 자신의 진술을 되풀이했다.

시베리아

|춥고 황량한 깨달음의 땅
삶은 나에게 단 한 번 주어질 뿐, 결코 더 이상은 없을 것이다. 나는 나 자신의 삶을 살고 싶다. 그렇지 않다면 차라리 살지 않는 편이 낫다.

8년 형을 언도받고 시베리아 유배형을 떠난 로쟈는 그곳에서 어떤 깨달음을 얻는다.

강기슭 먼 저편의 노랫소리를 듣던 중 어떤 통찰이 로쟈에게 온다. 유형지에 있는 사람들과는 전혀 다른 사람들이 살고 있는 저 건너의 공간에 대해 생각하며, 그곳에 있어야 할 소냐를 떠올렸을 것이다. 강기슭 저편에서 자유로운 삶을 살아가야 할 소냐가 자신을 위해 자원해서 시베리아로 따라나섰음을 깨닫고 그는 그녀의 무릎을 껴안았다.

" 사랑이 그들을 부활시켰고, 두 사람의 마음은 서로에게 생명의 무한한 샘을 간직하고 있었다. 그들은 기다리자고, 참자고 다짐 했다. 그들에게는 아직도 칠 년이 남아 있었다. " [15]

" 칠 년, 고작 칠 년! 자신들의 행복이 처음 시작되던 때의 어느 순간순간, 두 사람은 기꺼이 이 칠 년을 칠 일처럼 여길 준비가 되어 있었다. 그러나 여기에는 새로운 이야기, 한 인간이 점차 새로워져 가는 이야기, 그가 점차 갱생하고, 한 세계로부터 다른 세계로 건너가며 지금껏 전혀 알지 못했던 새로운 현실을 알게 되는 이야기가 시작되고 있다. 이것은 새로운 이야기의 주제가 될 수 있을 터이지만, 그러나 우리의 지금 이 이야기는 이것으로 끝난다. ” [16]

2019년 가을 시베리아 횡단 열차를 타고 옴스크역을 지났다. 과거 도스토옙스키의 유형지이기도 했던 그곳을 지나면서 찍은 사진 몇 장을 찾아보면서 로쟈가 마주했던 이르티시스강 기슭 먼 저편이 혹시 저기 어디쯤에 있지 않을까 가늠해보았다.

《죄와 벌》을 다시 읽으면서 로쟈의 진심이 묻어나는 문장을 찾았다. 로쟈가 진심으로 살고자 했던 삶의 모습은 내 삶의 모토와 완벽히 일치하고 있었다.

“ 삶은 나에게 단 한 번 주어질 뿐, 결코 더 이상은 없을 것이다. 나는 나 자신의 삶을 살고 싶다. 그렇지 않다면 차라리 살지 않는 편이 낫다. ” [17]

시베리아 유형을 마치고 로쟈와 소냐는 새로운 삶을 시작할 것이다. 그들은 단 한 번 주어질 자신만의 진정한 삶을 살아갈 것이다. 비범한 한 사람이 아닌 평범한 다수가 스스로를 구원하는 한 사람으로서. 문득 나도 그 무리에 자연스레 합류하고 싶어졌다. 그것이 최선의 삶임을 알고 있기에.

《죄와 벌》이 탄생하기 17년 전인 1849년 봄, 도스토옙스키는 페트라셰프스키 사건에 연루되어 사형 선고까지 언도받지만, 총살 직전 황제 특사로 징역형으로 감형 받고 시베리아 유형을 떠난다. 그때 체험했던 시베리아 유형 생활이 《죄와 벌》을 집필하는 데 많은 영향을 미쳤을 것이다. 그리고 로쟈의 시베리아 유형지에서의 생활을 묘사하는 데 있어서 그곳에서의 체험을 녹여냈을 것이다.

우리에게는 조건 없이 무한히 사랑을 주고받을 누군가가 한 명쯤은 꼭 필요하다. 한 사람의 삶을 바꾸어 놓을 만큼 중요한 일이다. 로쟈에게 그 한 사람이 소냐였다면, 도스토옙스키에게 그 한 사람은 그의 아내 안나가 아니었을까?

도스토옙스키의 심장이 멈춘 순간 안나가 의식한 것은 딱 하나였다.

" 그것은 끝없는 행복으로 가득했던 나 자신의 삶이 그가 죽는 순간 끝났다는 것, 내 마음은 영원히 고아가 되었다는 사실이었다. 나는 그렇게 뜨겁게, 모든 것을 초월하여 내 남편 표도르 미하일로비치를 사랑했다. "

도스토옙스키 문학 기념 박물관

| 세 개의 책상

도스토옙스키의 서재에 있는 책상,

안나의 작업 공간에 있는 책상, 아이들 방에 있는 책상.

유형지로 떠나기 전까지 로쟈의 발자취를 둘러보고 나서는 일행과 함께 도스토옙스키 문학 기념 박물관으로 향했다. 현재를 살아가는 상트페테르부르크 시민들의 평범한 일상이 펼쳐지고 있는 도스토옙스키 동상 앞에서 그와 시선을 마주하고 서 있었다. 궁금한 게 많았다. 하지만 달리 내가 할 수 있는게 생각나지 않았다. 한동안 가만히 그와 마주보고 서 있었다. 순간 도스토옙스키의 얼굴 위로 로쟈의 얼굴이 겹쳐 보였다. 그 두 사람의 극단적인 오만함 속에서 느껴지는 무겁고 음울한 정서가 순식간에 나를 휘감았다. 서늘한 바람 한 줄기가 두 뺨을 쓸고 지나갔다.

남겨진 사진을 토대로 재현해 놓았다는 방과 식탁, 거실 등 작가가 사용했던 집기들이 그대로 전시되어 있는 공간을 둘러보았다. 매일 아이들에게 읽어준 책과 장난감 인형들이 전시되어 있는 공간에서는 묘한 감동이 차오르기도 했다. 도스토옙스키가 이 공간 이곳저곳을 오가면서 글도 쓰고, 아이들에게 책도 읽어주고, 차를 마시고 식사도 하며 가족과 시간을 보내고 찾아온 손님들과 담소도 즐겼던 공간이라고 생각하니, 신기하면서도 진한 감동과 함께 묘하게 가슴이 설렜다.

박물관 내부에서 세 개의 책상을 만났다. 도스토옙스키의 서재에 있는 책상, 안나의 작업 공간에 있는 책상, 아이들 방에 있는 책상을 보며 지극히 개인적인 생각을 했다. 집안 어느 곳에서나 영감이 떠오르면 가장 가까운 책상에서 글을 쓰지 않았을까 하는. 서재 책상 앞에서《카라마조프가의 형제들》을 집필하는 그의 뒷모습을 언뜻 만난 것 같기도 했다.

그만큼 복원이 잘 된 공간이었다. 그곳에서는 실제와 환상을, 현재와 과거를 구분하기 어려웠다.

그의 흔적이 그대로 느껴지는 원고와 필기구들을 어루만져 보고 싶었지만 그냥 눈으로만 감상해야 했다. 아쉬워하는 나를 액자 속 흑백 사진이 바라보고 있었다. 로쟈의 웃음을 본 적이 없었던 것처럼 도스토옙스키의 웃음도 만나지 못했다. 사진 속에서도 그는 그저 무표정하고 시니컬하게 나를 바라볼 뿐이었다. 서재 한쪽에 위치한 시계는 1881년 1월 28일 저녁, 작가의 사망 시간을 가리키고 있다. 그 시간 도스토옙스키는 가족의 곁에서 고통없이 평화롭게 잠들었다.

현지 가이드는 작가의 작품과 생애에 대해 설명해주었다. 러시아의 박물관 가이드들의 힘 있는 목소리와 자신있는 태도에서 어떤 자부심이 느껴졌다. 자신들이 소개하는 예술가를 찾는 여행객들의 발걸음이 끊이지 않는 것을 지켜보는 과정에서 자연스럽게 자신의 일에 대한 긍지도 생겨났을 것 같다.

도스토옙스키 열혈 매니아들은 작품 속, 하숙집과 전당포 사이의 거리인 730보를 직접 걸어볼 뿐만 아니라, 여러 방향으로 걸어보고는 730보가 더 되느니, 덜 되느니 하는 이들도 있다고 한다. 그런데 이번 문학 기행은 함께 여행하는 사람들이 있어서 그 거리를 직접 가늠하면서 여유롭게 걸어볼 기회는 없었다. 다시 상트페테르부르크를 방문하게 된다면 꼭 걸어보고 싶다. 한 걸음, 두 걸음 숫자를 세면서 말이다. 730 걸음을 세며 천천히 걷다보면 왠지 로쟈의 생각과 마음에 조금 더 깊이 닿을 수 있을 것 같다.

아트카페

진한 커피 한 잔과 함께 작품 속 인물들을 한 사람 한 사람 떠올려볼 수 있는 여유
를 제공하는 아트카페 <Stray dog>

　진한 커피 한 잔 앞에 두고서 작품 속 인물들을 한 사람 한
사람 떠올려보았다. 로쟈, 소냐, 라주미힌과 두냐, 알료나와
리자베타, 포르피리 판사, 그리고 스비드리가일로프! 그중
에서 스비드리가일로프. 그 정욕적 인간이 두냐에게 했던
말이 있다. '세상에 정직보다 어려운 건 없고, 아첨보다 쉬

운 건 없다.' '자신을 가장 잘 속일 줄 아는 사람이 가장 즐겁게 사는 법'이라고 말하던 그는 결국 '음울하고 강렬하며 기괴한 영향을 주는' 상트페테르부르크라는 도시에서 권총 자살로 생을 마감한다.

러시아 문학 기행을 통해 내 주변에서 계속 어른거렸던 작품 속 인물 중 한 사람이 바로 스비드리가일로프였다. 그의 말처럼 러시아 사람들은 드넓은 땅만큼이나 광활한 인간들이어서 환상적이고 무질서하며 이성과 합리로는 도저히 어떻게 설명할 수 없는 그 무언가를 가득 품고 있는 인간들이었다.

에필로그

만인은 만인에 대한 죄가 있다

《죄와 벌》문학 기행의 마지막 여정은 모스크바다.

 "이 마을에서 러시아 작가 표도르 도스토옙스키가 1821년에 태어났다." 라는 글이 쓰여져 있는 도스토옙스키야 전철역. 역 내부는 《죄와 벌》등 그의 대표 소설과 관련된 이미지로 벽화를 장식했다. 벽화 속 그림 하나하나에는 작품 속 소중한 이야기를 의미 있게 담아내고 있다. 그 벽화를 천천히 감상하고 있노라니, 문득 도스토옙스키의 생각이 머릿속을 스쳐 지나갔다.

 " 만인은 만인에 대해 죄가 있다. "

 무수히 많은 죄를 지어온 나를 되돌아봤다. 지었던 죄 만큼의 벌을 모두 받지 않았음을 잘 알고 있다. 누구도 그 명제 앞에서 자유로울 수 없다. 누군가를 죽이고 싶었지만 죽이지는 않았다. 죽이지는 않았으나 그의 죽음을 마음으로 바랐던 적 있지 않았나? 정말 많았다. 살해의 욕구뿐이겠는가?

 마음으로만 생각한 것들도 죄가 되는가?
 입 밖으로 죄가 되는 말들을 내뱉기도 하지 않았던가?
 죄란 무엇인가?
 죄의 기준은 누가 정하는가?
 벌은 무엇인가?

벌은 누구에게 내리는 건가?

죄를 짓고 벌을 받으면 구원받을 수 있는 건가?

누가 구원해 주는가?

《죄와 벌》은 내게 끊임없는 질문을 하게 만들었다.

나는 분노한다. 리자베타까지 살해한 로쟈에게, 전당포 노파에게, 두냐의 약혼자 루쥔에게, 정욕적인 인간 스비드리가일로프에게, 말만 앞세우고 행동하지 않는 인간들에게, 뒤통수치는 인간들에게 분노하고, 분노하는 자신에게 분노하고... 왜 나는 이렇게 분노하는 것일까?

작품 속 로쟈가 살았던 세상만큼이나 내가 살고 있는 세상 역시 정의롭지 못하고, 불공평하고 부조리하다. 그런 세상에서 분노하는 것은 어쩌면 너무나 당연하다. 분노한다는 것은 그 사람의 내면 기저에 정직하고 아름다운 세상을 바라는 마음이 깔려 있기 때문이 아닐까? 부조리한 세상과 적당히 타협하고 안주하고 나면 더 이상 분노하지 않을 수도 있을 것이다. 하지만 그 분노를 잘 다스릴 수만 있다면 세상을 더 나아지게 하는 힘이 될 수도 있을 것이다. 나는 계속 분노하는 사람이 되고 싶다. 정직하고 아름다운 세상을 포기할 수는 없으니까. 건강하게 분노하는 법을 배우고 싶다.

" 질문하라, 진정한 삶의 해답을 찾아가기 위하여 "

" 분노하라, 정직하고 아름다운 세상을 위하여 "

여행하는 여행자들을 위해
로쟈의 길을 따라

로쟈의 길을 따라 여행하는 여행자들을 위해

모스크바 국립 도서관

1862년 모스크바 시내에 있던 니콜라이 페트로비치 루
만체프 백작이 세운 루만체프 박물관의 일부로 창설된 러
시아 국립 도서관은 다섯 차례 이름이 바뀐 후, 소비에트 연
방이 해체되기 전인 1925년에서 1992년까지 소련 국립 레
닌도서관이었다가 1992년 옐친의 포고에 의해 러시아 국립
도서관으로 명칭이 바뀌었으며, 현재는 공공건물로서 러시
아 정부 관리하에 있다.

여행 중 원하는 도시를 방문했을 때 그 도시를 대표하는 도서관을 꼭 다녀오려고 노력하는 편이다. 각 나라 문명권의 수준을 평가할 때 첫번째 지표로 삼을 수 있는 것이 도서관이라고 생각하기 때문이다. 도서관은 단순히 책을 보관하는 장소, 그 이상의 역할을 수행하는 곳이다. 책과 사람을 동시에 품고 있는 도서관은 책을 읽는 행위와 학습의 중요성을 공공연하게 알리는 문화의 상징과도 같은 장소여서 책을 사랑하는 이들과 이국에서 함께 책 읽는 즐거움을 느껴보는 것도 여행의 묘미라 할 수 있다.

러시아 국립 도서관에서 도스토옙스키와 톨스토이, 안톤 체호프의 저서를 마주하고 섰을 때의 기분을 뭐라고 표현할 수 있을까? 그들은 한국에서뿐 아니라 러시아에서도 사랑받는 유명 작가들이기에 그들의 책들은 유독 낡아 있었다.

몇 권의 책을 꺼내서 책장을 들추니 수없이 많은 독자들의 손길이 느껴졌다.

모스크바에서 국립 도서관으로 가는 교통편은 매우 편리하다. 크렘린 내부로 들어가는 매표소에서 가장 가까운 메트로 역이 바로 레닌도서관(비블리오쩨까 이메니 레니나)이기 때문이다. 역을 나오면 '이곳이 바로 도서관'이라고 말하듯 웅장한 대리석 기둥이 세워져 있으며 도서관 앞 메트로 입구 쪽에 도스토옙스키의 동상이 세워져 있다.

로쟈의 길을 따라 여행하는 여행자들을 위해

트레치야코프 미술관

모스크바의 부유한 상인이었던 트레치야코프(1832~1898)가 1856년에 개관한 미술관이다. 많은 예술가를 후원하면서 작품을 수집했고, 도스토옙스키의 경우처럼 유명 작가 등의 초상을 그리도록 화가들에게 의뢰하기도 했다. 그의 꿈은 러시아 미술가들의 그림으로 가득한 국민 미술관을 남기는 것이었다. 여러 시간 미술관을 둘러보는 동안 그가 이룬 꿈의 현장 앞에 서 있음을 실감할 수 있었다.

트레치야코프는 당시 유명 문인들의 모습을 당대 최고의 화가들에게 부탁해서 그리도록 했다. 도스토옙스키의 이 초상화는 1872년 트레치야코프의 요청으로 바실리 페로프가 그린 것인데, 도스토옙스키의 대표적인 초상화로 기억하고 싶을 만큼 마음에 들었던 작품이었다. 그의 초상화 앞에서 고뇌하는 인간의 전형을 만났다. 도스토옙스키의 정서 위로 로쟈의 표정이 겹쳐졌고, 거기에 내 무거운 정서까지 얹힌 기분이 들어서 초상화 앞에서 쉽게 발걸음을 옮기지 못했다.

짙은 그린색 두꺼운 재킷 차림의 수수한 그의 복장이 그 당시 넉넉지 않았던 그의 경제 상황을 짐작해 볼 수 있게 했다. 이 초상화에 대해 두 번째 아내 안나는 회고록《도스토옙스키와 함께한 나날들》에서 다음과 같이 기록했다.

"그해(1871년) 겨울에는 모스크바의 유명한 미술품 수집가이자 미술관 소유주인 트레치야코프가 남편에게 미술관에 소장할 그의 초상화를 그리게 해달라고 부탁했다. 이를 위해 유명한 화가인 페로브는 다양한 정서 상태의 도스토옙스키를 만나 대화를 나누면서 남편의 얼굴에서 가장 특징적인 표정을 포착해냈다. 그것은 (그가) 예술적 사고에 몰입해 있을 때의 표정이었다. 페로브는 '도스토옙스키의 창작 순간'을 초상화에 붙박았다고 할 수 있을 것이다. 그가 마치 '자기 마음속을 들여다보고' 있는 것 같을 때는 아무 말 없이 서재를 빠져나오곤 했다." [18]

로쟈의 길을 따라 여행하는 여행자들을 위해

알론킨 주택 13호

도스토옙스키가 1864년에서 1867년까지 살았던 카즈나체이스카야 거리 7번지는 빈민가와 사창가 밀집 지역으로 악명 높은 우범(虞犯) 지역으로 알려진 곳이었으나, 현재는 그 주변을 도스토옙스키의 문학 관광지답게 깔끔하게 단장한 상태라 그 당시의 빈민가 분위기는 찾아볼 수 없다.

1866년 10월, 젊은 속기사 안나 스닛키나는 상인과 수공업자들이 주로 세들어 사는 허름한 7번지 알론킨 주택 13호의 벨을 눌렀다. 도스토옙스키가 머릿속 내용을 구술하면 속기로 받아 적고 인쇄 전지에 정서해서 장편 소설《도박꾼》을 26일 만에 완성한 장소다. 〈도스토옙스키 인생의 26일〉이란 영화까지 만들어졌던 이 역사적인 장소에서 도스토옙스키는 안나에게 청혼했고, 안나는 기다렸다는 듯이 이를 승낙, 이듬해 2월 46세의 작가와 21세 속기사는 인생에서 가장 행복한 결혼식을 올렸다.

" 거리(스톨랴르니 골목)는 끔찍이도 더웠다. 게다가 후텁지근한 공기, 혼잡함, 도처에 널려 있는 석회, 건축장의 발판, 벽돌, 먼지, 별장을 빌릴 능력이 없는 페테르부르크 주민이라면 누구나 다 알고 있는 독특한 여름의 악취, 이 모든 것이 한꺼번에, 그렇잖아도 이미 혼란을 일으키고 있는 청년의 신경을 더욱 불쾌하게 자극했다. 시내 이 근처에 특히 많이 몰려 있는 선술집에서 풍겨

로쟈의 길을 따라 여행하는 여행자들을 위해
S(스톨랴르니) 골목과 K(코쿠시킨) 다리

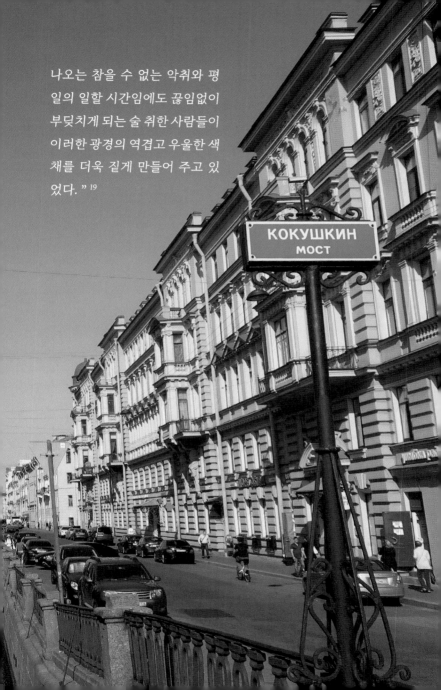

나오는 참을 수 없는 악취와 평일의 일할 시간임에도 끊임없이 부딪치게 되는 술 취한 사람들이 이러한 광경의 역겹고 우울한 색채를 더욱 짙게 만들어 주고 있었다. " [19]

로쟈뿐 아니라 도박 중독으로 빚쟁이가 된 도스토옙스키 역시 이 S(스톨랴르니 거리) 골목을 자주 드나들었을 게 분명하다. 밤을 새우고 새벽에 돌아와 아내의 마지막 지폐까지 빼앗아 다시 도박장으로 향했을 도스토옙스키의 발걸음과 로쟈의 발걸음이 겹쳐졌을 S 골목, 그 골목은 바로 장롱 같은 로쟈의 하숙집에서 시작되는 골목이다. 그 골목을 나와 얼마 지나지 않아 만나는 다리가 바로 'K 다리'이다.

'K 다리'로 묘사한 '코쿠시킨 다리' 안내판 아래로 흐르는 그리보예도프 운하는 도스토옙스키가 수없이 산책하며 《죄와 벌》을 창작해 낸 장소일 것이다. 주인공 로쟈가 전당포 노파를 살해할 때도 K 다리를 건너 망설임 없이 걸어들어가 살인을 저지르고, 범행 후 살인을 자백하기 전까지 끊임없이 방황하며 걸었을 바로 그 제방길이기도 하다.

《죄와 벌》 상권 13쪽에 보면 로쟈는 하숙집 문 앞에서 전당포까지 정확하게 730보라고 했다. 키가 크고 보폭이 넓었을 로쟈의 걸음으로는 가능하겠지만, 내 걸음으로는 아무래도 역부족일 것 같다.

로쟈의 길을 따라 여행하는 여행자들을 위해
로쟈의 하숙집

로쟈의 허름한 하숙집(작품에 묘사한 것처럼 그렇게 끔찍하게 더럽거나 허름하지 않았음, 개축해서 많이 정비된 모습)이다. 입구에는 도스토옙스키의 부조와 함께 역시 현판이 붙어 있었다. 부조 현판에 적힌 내용은 다음과 같다.

" 로쟈의 집. 상트페테르부르크 사람들의 비극적인 운명
은 도스토옙스키가 전 인류를 위한 선을 선포할 수 있는 토
대가 되었다. "

로쟈의 하숙집은 현재 4층 건물로 바뀌었지만 작품을 쓸 당시에는 5층 다락방이 있었고, 바로 그 장롱 같은 방에 로쟈는 세 들어 살고 있었다. 이를 아주 작은 창고 같은 옥탑방으로 비유할 수 있을까? 실존했던 인물은 아니었으나 로쟈에 대한 인물 묘사가 너무나 사실적이어서 일행이 떠난 뒤, 좀 더 그곳에 남아 한적한 스톨랴르니 거리 주변을 서성거렸다. 마침 그 앞을 지나는 젊은이가 로쟈인 양 그의 발걸음을 잠시 따라가다가 멀리 앞서가고 있던 일행의 뒤를 쫓기 시작했다.

도스토옙스키는《죄와 벌》을 쓸 당시 스톨랴르니 골목 셋집에 살아서 주변 지리를 샅샅이 알고 있었다. 운하 인근은 악명 높은 슬럼가로, 시민들은 운하를 시궁창이라고 불렀다. 1866년 콜레라가 창궐한 것을 보면 당시 위생 상태를 미루어 짐작해 볼 수 있다. 뿐만 아니라 알코올 문제도 심각했는데, 스톨랴르니 골목에만 약 20개의 술집이 밀집해 있었다고 한다.

로쟈의 길을 따라 여행하는 여행자들을 위해

유수포프 공원

상트페테르부르크 중심에 자리잡고 있는 아늑하고 아름다운 공원이다. 묵직한 철문을 통과해서 들어서면 그림 같은 연못 주변 오랜 수령의 나무들을 바라보며 벤치에 앉아 다리쉼을 할 수 있다. 눈 앞에 펼쳐진 아름다운 건축물을 바라보며 잔잔한 연못 표면의 윤슬로 시선을 던졌다.

유유자적하게 이동하는 오리의 뒤태를 따라가다보면 이보다 더 좋은 휴식이 또 있을까 싶을 만큼 평화롭다. 시시때때 다양한 이벤트로 여행객들의 발걸음을 즐겁게 해주는 장소로, 특히 찬란한 봄 햇살을 받으며 거대한 나무 그늘에서 독서하는 모습을 상상하는 것만으로도 즐겁다. 크지 않은 면적임에도 불구하고 조직적으로 잘 정리된 공원으로, 그늘진 산책로가 많아서 좋다. 전체적으로 항상 깨끗하게 관리가 되고 있어서 휴식처로 손색이 없는 공간이다.

" 막상 닥치면 몹시 두려울 거라고 생각하곤 했다. 그러나 지금 그는 그다지 두렵지 않았다. 아니, 전혀 두렵지 않았다. 지금 그는 잠시 동안이긴 해도 이 일과는 전혀 상관없는 어떤 생각에 빠져 있었다. 심지어 유수포프 공원 옆을 지날 때는 광장마다 높은 분수를 설치하면 공기를 얼마나 상쾌하게 해 줄까하는 생각에 몰두하기도 했다. 점차 그는 여름 공원을 마르스 광장 일대로 확장하고, 더 나아가 미하일로프스키 궁전의 정원과 연결시킨다면, 도시를 위해 멋지고 매우 유익할 것이라는 확신으로까지 나아갔다. 이때 갑자기 새로운 문제가 그의 흥미를 끌었다. 꼭 그래야 하는 것도 아닌데 왜 사람들은 어느 대도시에서나 공원도 분수도 없고 오물과 악취와 온갖 추악한 것으로 가득 찬 구역에 자리 잡고 살려는 특별한 경향을 보이는 것일까? " [20]

도스토옙스키와 안나는 4년간의 유럽 생활을 마치고 돌아와서 예카테린고프스키 대로에 위치한 주택에 집을 얻었다. 그곳을 선택한 이유는 가까이에 유수포프 공원이 있었기 때문이다. 특히 그들은 무더운 여름 어린 자녀와 그곳으로 산책을 자주 나섰을 것이다.

로쟈의 길을 따라 여행하는 여행자들을 위해

노파의 집

청소년 시기 독서 모임에서 이 책을 읽자고 친구가 제안했을 때, 처음에 강하게 거부했었다. 재미있고 유익한 책들이 얼마나 많은데 하필 도끼로 전당포 노파를 살해하는 그런 끔찍한 책을 읽느냐고 하면서 말이다. 일단 처음부터 전혀 끌리지 않는 책이었다. 일단 살해 도구가 도끼라는 데 강한 거부감이 들었다. 많은 도구 중에 왜 하필 도끼였을까? 정말 궁금했다. 그래서 찾아봤다.

ЛЕСТНИЦА №6

1	22,71
2	72,73
3	74,75
4	76,77
5	78,79
6	80,81

" 이제 벌써 4층이다. 문까지 왔다. 맞은편 집도 비어 있다.
노파의 집 바로 아래에 있는 3층의 집도 비어 있는 듯했다.
" 21

산림이 우거진 러시아의 지리적 특성상 나무를 해서 오두막집을 많이 지었다고 한다. 그때 사용했던 도구는 역시 도끼였다. 또한 성당에 이콘(휴대 가능한 나무판에 그려진 그림), 즉 성상화도 나무이며 이 성상화를 도끼와 함께 걸어두기도 했다고 한다. 성상화와 도끼는 같이 있어야 하는데 로쟈는 그 도끼를 살해 도구로 사용함으로써 그 성상화를 파괴함과 동시에 신을 버린 것이라고 이해할 수 있을 것이다.

이 장소에도 역시 작품 속 배경지임을 알리는 현판이 붙어 있었다. 열혈 매니아들은 전당포 노파의 집도 특별히 정해 놓았다. 한쪽은 운하를 향해, 다른 쪽은 거리를 향해 있는 아주 큰 건물이다. 전당포 현재 주소는 그리보예도프 제방길 104번지다.

답사 후 지도를 펼쳐놓고 원작과 비교해보니 살인을 하기 위해 갔던 행로와 살인 후 집으로 갔던 행로가 달랐다.

로쟈의 길을 따라 여행하는 여행자들을 위해

소냐의 집

그리보예도프 운하를 따라 걷다 보면 카즈나체이스카야 거리와 가까운 곳에 소냐의 집이 위치해 있다. 노란 건물 입구에 소냐의 집을 알리는 현판이 걸려 있었다.

소냐는 녹색을 칠한 오래된 3층 집의 2층에 있는 재봉사 집에 세 들어 살고 있었다. 현재는 외관 정리를 하고 노란색으로 도색까지 깔끔하게 한 상태로 완전히 달라져 있었다. 소냐를 찾아간 로쟈는 자기 안에 있는 괴로움을 토로해 냈다.

소냐는 알코올 중독자 아버지와 폐병을 앓고 있는 계모, 헐벗고 굶주리고 있는 동생들을 먹여 살리기 위해 거리의 여자가 되었다. 선천적인 선함과 깊은 신앙심으로 비루한 삶을 견뎌 내는 여성이다.

독자들은 하필 왜 거리의 여자가 주인공을 구원으로 이끄냐며 불만을 표출했다. 교회에서는 신성 모독이라고 항의했고, 편집자 역시 이 부분을 불만스러워했다고 한다.

그럼에도 도스토옙스키는 가장 낮은 곳에서 가장 비천한 삶을 통해 희망을 말하고 싶었다고 한다. 소냐의 집 앞에서 나는 작가가 말하고자 했던 선과 악, 빛과 어둠, 그 사이로 빛을 발했던 아름다운 사랑을 조용히 응시해 볼 수 있었다.

로쟈의 길을 따라 여행하는 여행자들을 위해

센나야 광장

18세기 초 센나야 광장은 상트페테르부르크에서 건초와 장작, 소 등을 가장 저렴하게 판매하는 시장으로 상인과 농부들의 거래가 활발하게 이루어졌던 장소다. 그 당시 센나야 광장 주변 지역은 빈민가로 악명이 높았다. 1866년에 완성한 《죄와 벌》에서 이 시기의 센나야 광장에 관한 묘사를 리얼하게 만날 수 있다. 18세기 중반 지역 상인들의 의뢰로 바로크 양식의 교회를 건축했으나, 1961년 지하철역을 만들기 위해 교회를 폭파했다. 그래서 과거 건초 더미 광장의 흔적은 찾아보기 어려운 현대식 광장으로 변모한 상태다. 과거와 현재의 모습을 사진을 통해 비교해 보면 매우 흥미롭다.

" 지하층에 자리한 싸구려 음식점 부근과 센나야 광장을 에워싸고 있는 집들의 악취가 풍기는 더러운 마당, 그리고 무엇보다 선술집 근처에는 온갖 부류의 직공들과 남루한 차림의 사람들이 우글거리고 있었다. 라스콜니코프는 특별한 목적도 없이 거리에 나올 때면 근처의 모든 골목과 함께 이곳을 가장 좋아했다. 여기에서라면 그의 누더기 같은 옷차림도 사람들의 거만한 눈총을 받지 않았고, 제멋대로 입고 다녀도 아무에게도 불쾌감을 주지 않았다. " [22]

《죄와 벌》의 무대 중 상당한 비중을 차지하고 있는 센나야 광장. 기나긴 역사를 지닌 센나야 광장에는 현재 많은 상점, 레스토랑 및 쇼핑 센터, 오래된 재래 시장 등이 자리하고 있다. 이렇듯 과거 모습에서 많이 탈바꿈한 상태이기 때문에 《죄와 벌》에서 언급한 거리의 모습은 찾아보기 힘들다. 광장으로 향하는 세 개 노선의 메트로 내부는 잘 정돈된 모습이었으나, 많은 사람들로 붐비는 광장으로 나오면 천태만상 진풍경들이 펼쳐지고 있어서 타인의 시선에 신경 쓸 일이 없을 만큼 번잡하다. 어떤 면에선 로쟈의 표현에 공감이 많이 갔던 공간이었다. 성장을 차려입을 필요없이 남루한 차림이라도 주변을 크게 의식하지 않고 활보할 수 있다. 자유분방하고 거칠고 시끄럽고 복잡한 광장임에 틀림없다. 때문에 혹자는 센나야 광장을 멋지고 아름답다고 표현하는가 하면, 혹자는 격렬하게 시끄럽고 불결하다고 표현하기도 한다.

이 광장에는 3개의 지하철 노선(Sennaya Ploshchad, Sadovaya, Spasskaya)이 연결되어 있는 덕분에, 상트페테르부르크의 심장부인 센나야 광장은 도시 어느 곳으로든 구석구석까지 편리하게 이동할 수 있는 교통 요지이기도 하다. 노선이 3개나 연결되어 있는 탓에 언제나 혼잡하긴 하지만, 지하철은 깨끗하게 유지 관리되고 있다.

도스토옙스키 문학 기념관

이곳은 도스토옙스키가 마지막 생애를 보낸 아파트이다. 기념관 공간은 작가가 살았던 공간을 그대로 재현해 놓은 자택 기념관과 문학 전시관, 이렇게 두 부분으로 이루어져 있다.

특히 도스토옙스키의 마지막 발자취를 그대로 느껴볼 수 있는 자택 기념관 서재를 둘러보는 내내 숙연한 기분이 들 정도였다. 가족 사랑이 유별났던 도스토옙스키의 인간적인 면모를 느낄 수 있던 공간은 물론 행복한 결혼 생활의 일등 공신이자 든든한 조력자였던 안나의 작업 공간에도 눈길이 오래 머물렀다. 도스토옙스키의 구술을 받아 적은 빼곡한 노트를 보며 그녀가 혼자 조용히 작업하는 뒷 모습을 그려 보기도 하면서... 아담하고 깔끔했던 다이닝 룸 앞에서는 단란한 가족의 화기애애한 모습을 그려볼 수 있었다.

　2018년 여름 방문했던 당시에는 기념관 가이드의 설명을 현지 가이드가 통역해준 관계로 그 공간에서 오롯한 시간을 갖지 못했던 아쉬움이 남았었다.

　그런데 2020년 한·러 수교 30주년을 맞이한 기념 사업의 일환으로 도스토옙스키 문학 기념관에 한국어 오디오 가이드를 설치했다고 한다. 얼마나 반가운 소식인가?

    19세기 도스토옙스키 가족이 살던 공간을 둘러보다가 창
밖으로 21세기 풍경을 만났던 순간, "지금 여기에 있는 나는
누구인가?"란 생각과 함께 기시감에 휩싸였다.

  관광객과 현지인이 뒤엉켜 있던 문학기념관 주변 거리,
삶은 그때나 지금이나 같은 길 위에서 묵묵히 흐르고 있었
다.

도스토옙스키는 방문하는 손님들을 이 거실로 안내했다.
테이블 위 그가 직접 피던 담배가 놓여 있다.

　도스토옙스키가 사랑했던 가족들을 사진으로 마주했던 시간을 추억하며...

로쟈의 길을 따라 여행하는 여행자들을 위해

블라디미르스카야 교회

18세기에 건축된 블라디미르스카야 교회는 아름다운 5개의 황금 돔과 종탑으로 이루어졌다. 교회 맞은편엔 도스트옙스키의 동상이 자리하고 있는데 도스토옙스키도 블라디미르스카야 교회의 교구민 중 한 사람이었다고 한다. 창밖으로 예배당이 보이는 집을 좋아했던 도스토옙스키는 교회에서 예배 드릴때 어느 좌석에 앉았을까? 문득 궁금해졌다.

2018년 여름에 방문했을 때는 리모델링 중이라 천막이 쳐져서 대성당의 기품을 제대로 감상할 수 없었는데, 최근 사진을 보니까 깔끔하게 단장을 끝마친 모습이었다.

맑은 날, 5개의 황금 돔 위로 펼쳐진 푸른 하늘을 바라보며 교회의 아름다운 정원과 울타리 주변을 산책해 볼 것을 권한다. 그러다 보면 세상의 번잡함이 고요하게 물러나는 느낌을 받을 것이다. 불현듯 맞닥뜨리게 될지도 모를 교회 종소리에 가슴 벅차오를 수도 있고 바람에 실려 코끝을 스치는 꽃향기에 취할지도 모를 일이다. 시간적 여유가 있다면 잘 조성된 화단을 둘러보며 벤치에서 침묵의 시간을 가져도 좋겠다. 잠시 기도하는 마음으로 쉬어갈 수 있는 작지만 아름다운 정원이다. 그곳에서 시간을 보내노라면 내면에서 움직이는 영혼의 소리를 들을 수 있을지도 모른다. 그렇게 긴장을 풀고 휴식을 취하다 보면 남은 여정에서 필요한 새로운 에너지를 충전할 수도 있다.

지하철역 Vladimirskaya와 Dostoevskaya가 지척에 있으니 도스토옙스키 문학기념관 방문을 마치고 가벼운 마음으로 교회 정원을 한 바퀴 둘러보고 나와도 좋겠다.

로쟈의 길을 따라 여행하는 여행자들을 위해

아트카페 <Stray dog>

100년 이상의 역사를 지닌 아트 카페, 아니 카페라기보다는 박물관 분위기가 더 느껴지는 공간 아트카페 Stray dog, 혹자는 타의 추종을 불허하는 아름다운 카페라고 표현하기도 했다. 연극 공연이 자주 열리는 장소로 예술가, 화가, 시인, 작가, 음악가를 비롯 창조적 인물들이 모이는 장소로 가끔 문학의 밤이 펼쳐지기도 한다.

상트페테르부르크에서 가장 상징적인 연극 공연 장소로 예세닌(Yesenin), 마야코프스키(Mayakovsky)의 흔적도 느껴볼 수 있다. 아늑한 실내 극장으로 1912년, 러시아 최초의 문학 예술 카페 역할을 한 이 공간에서는 그 당시의 분위기를 그대로 보존한 가운데 여전히 높은 수준의 연극 공연이 펼쳐지고 있다.

주머니가 가벼운 여행객이라면 가성비 좋은 커피나 와인 한 잔을 즐기며 인상적인 공연을 즐겨보라고 추천하고 싶다. 분명 잊지 못할 여행 추억을 남기고 올 장소로 손색이 없기 때문이다.

페트로파블로프스크 요새

아름다운 물 위의 도시 상트페테르부르크를 있게 한 페트로파블로프스크 요새는 1703년 표트르 1세가 기초를 세운 후, 35년에 걸쳐 건축한 것으로 스웨덴 군대로부터 러시아를 지키기 위해 건설했다. 이는 네바강 강폭이 가장 넓어지는 하구의 삼각주 지대에 있는 토끼섬에 축조한 것으로, 이 요새를 건축하기 전까지는 대부분 습지여서 사람이 살기에 적합하지 않은 장소였다. '페트로파블로프스크'라는 이름은 1733년 요새 중앙에 예수의 제자 베드로(페트로)와 바울(파블로)을 기념하는 목조 교회가 세워진 것에서 유래한 것이라고 한다.

1720년부터 이곳은 귀족 및 정치범의 수용소로 이용되었다. 도스토옙스키가 28살이던 1849년에 페트라셰프스키 모임에 참석했다가 체포되어 사형 선고를 받은 후 사형 집행 직전 황제의 특사로 시베리아 유형으로 감형됐던 순간까지 구금되었던 바로 그 요새다.

이후 고리키, 트로츠키, 솔제니친 등을 포함하여 수많은 반체제 인사들이 이 요새의 감옥을 거쳐갔다.

2000년 여름, 이곳을 여행했을 때는 요새 앞 먼 발치에서 일광욕하는 여행객들을 의외로 많이 만날 수 있었다. 요새 안에 들어서서 얼마나 걸었을까? 한여름이었음에도 서늘한 바람이 불어왔다. 먼발치에 자리 잡고 있던 거리 뮤지션들은 우리 일행이 한국인인 줄 알고 〈아리랑〉을 연주하기 시작했다. 이국에서, 그것도 상트페테르부르크 피터 폴 요새에서 〈아리랑〉을 듣자마자 코끝이 찡해오면서 온몸에 전율이 일었다. 이국에서 내 자신이 진정 한국인임을 실감했던 순간이었다. 여유롭게 기타를 연주했던 은발 노인의 연주 실력도 수준급이었다. 일행 중 몇 사람이 악기 케이스에 지폐와 동전을 던지던 모습이 어제 일처럼 선명하게 떠올랐다.

멀리 요새 성곽 아래에서 강한 햇빛 아래 일광욕을 즐기던 백인들이 보였다. 햇빛만 보면 웃통을 벗고 어디서건 일광욕을 하던 그들. 흐린 날이 많은 도시였기에 햇볕만 보이면 비타민 D를 보충하던 그들. 그 누구의 시선도 아랑곳하지 않은 채 전라, 혹은 반라의 모습으로 여기저기 흩어져서 일광욕을 즐겼다. 강렬한 햇살 아래 푸른 네바강의 금빛 물결을 마주하고 있노라니 눈 뜨기가 힘겨울 만큼 눈이 부셨다. 시야가 탁 트인 공간에서 긴 역사의 흐름 한 가운데 서 있었던 2000년 8월의 채록을 뒤적거리고 있노라니 여행에 목말라 있는 내 모습이 느껴졌다.

로쟈의 길을 따라 여행하는 여행자들을 위해

알렉산드르 넵스키 수도원

상트페테르부르크의 중심 넵스키 대로 동쪽 끝 부분에 위치한 넵스키 수도원은 모나스뜨르이와 네바, 두 개의 강이 만나는 곳에 자리잡고 있다. 명실공히 러시아 정교회 대수도원의 역할을 하고 있는 수도원 내부 건축물들은 18세기에 건축되었으며 수도원 좌측에 위치한 수태고지 교회가 가장 오래된 건축물이다. 이곳에는 황실의 가족과 귀족들의 묘가 안치되어 있고 지금은 박물관으로 사용 중이다.

많은 여행객들이 넵스키 수도원을 찾는 이유 중 하나는 러시아 유명 인사들의 묘지가 있기 때문이다. 프랑스 파리와는 달리 러시아는 공동묘지를 둘러보기 위해서는 입장료(400루블)를 지불해야 한다. 수도원 입구 앞 다리를 건너기 전 두 갈래 길이 나오는데 한 쪽은 18세기 주요 인물의 묘지 입구이며, 맞은편은 예술가들의 묘지 입구이다. '예술가들의 묘지'에는 도스토옙스키를 비롯해 차이콥스키, 무소르그스키, 글린카 등의 묘지가 자리하고 있다. 입구에 공동묘지 안내도가 있으니 찾고자 하는 인물의 묘비 위치를 확인한 후에 이동하는 것이 바람직하다.

" 내가 진실로 진실로 너희에게 말한다. 밀알 하나가 땅에 떨어져 죽지 않으면 한 알 그대로 남고, 죽으면 많은 열매를 맺는다. " [23]

《카라마조프 가의 형제들》첫 페이지는 요한복음서로 시작한다. 이 성구는 넵스키 수도원에 묻힌 도스토옙스키의 묘지 비문이기도 하다. 다시 상트페테르부르크를 방문하게 된다면 넵스키 수도원을 가장 먼저 찾고 싶다. 그곳에서 땅에 떨어져 죽은 한 알의 밀알을 진정 만나보고 싶다.

로쟈의 길을 따라 여행하는 여행자들을 위해

시베리아

극동의 블라디보스토크에서 출발 6박 7일을 달려 종착역인 모스크바에 도착할 때까지 총 60여 개의 역에서 정차하는 시베리아 횡단 열차는 아시아대륙 동쪽의 끝 블라디보스토크에서 출발해 중국 북부를 지나 바이칼호를 남으로 끼고 이르쿠츠크, 노보시비르스크, 옴스크, 예카테린부르크를 거쳐 우랄산맥을 넘어 모스크바를 이어주는 철도이다.

정차하는 여러 도시 중 한 곳인 옴스크는 도스토옙스키의 유형지로 알려져있다. 19세기 초, 옴스크 시가 된 이후 서시베리아의 개척 중심지이자 농산물 집산지가 된다. 1849~1853년에 도스토옙스키는 이곳 감옥에서 복역하였으며, 이곳에서의 체험을 바탕으로 《죽음의 집의 기록》을 집필해서 발표했다. 이후 《죄와 벌》에서 로쟈의 수감 생활을 기록하는 데 있어서 상당 부분 도움을 받은 장소일 것이다.

2019년 가을 시베리아 횡단 열차 여행을 하면서 블라디보스토크, 이르쿠츠크, 모스크바 세 구간만 거쳐서 도스토옙스키의 유형지인 옴스크는 방문하질 못했다. 그러나 '시베리아의 파리'로 알려진 이르쿠츠크를 방문해서 전제 정권에 대항하다가 유배된 데카브리스트들의 자취를 다소 느껴볼 수 있었다.

특히 관심이 갔던 부분은 유배된 남편을 따라 재산과 명예를 버리고 목숨을 걸고 유배지로 따라나선 11인의 데카브리스트 부인들의 헌신이었다. 그들은 척박한 시베리아에 머무르며 귀족 문화의 꽃을 피워나갔고, 그 결과 시베리아 도시에 유럽의 씨앗이 뿌려지고 열매를 맺을 수 있었다고 한다. '시베리아의 파리'로 불리게 된 배경을 알고 나니 이르쿠츠크에서의 추억이 더 애틋하게 다가왔고 그 도시를 다시한번 방문하고 싶어졌다.

도스토옙스키는 옴스크로 떠나는 유배길에서 귀중한 선물을 받는다. 데카브리스트의 아내 중 한 사람이 독서광인 도스토옙스키에게 성경을 선물한 것이다. 수감 생활 중 유일하게 허락된 책이 성서였기에 감옥에서 성서를 닳도록 읽었고 죽을 때까지 이 책을 간직했다고 한다.

9월에 한 여행이었음에도 겨울바람처럼 차가운 바람이 뼛속까지 스며들어서 한기에 몸서리쳤던 순간들이 참 많았다. 하물며 한겨울 시베리아는 어떻겠는가? 시베리아 벌판의 혹한 앞에서 살을 에는 듯한 추위를 어떻게 견뎌냈을까? 살 끝을 파고드는 냉기 속에서도 견딜 수 있었던 것은 부부간의 사랑때문이었을까? 쏟아질 듯 반짝이던 밤하늘의 별이 베푼 위안 때문이었을까? 신에 대한 절대적인 믿음 때문이었을까?

왠지 시베리아 횡단 열차 여행은 폭설이 사정없이 쏟아지는 한겨울에 해야 제격이지 않을까? 코로나 위기에서 벗어난다면 다시 한번 한겨울 시베리아 횡단 열차 여행을 시도해 보고 싶다.

작품 해설

죄와 벌

죄와 벌

줄거리

　23세, 가난한 대학생 로쟈는 시골에서 대도시로 올라와 대학을 다니다가 빈곤의 고통 속에서 학업을 중단하고 장롱과 같은 골방에서 외부와 단절한 채, 병적인 사색을 한다. 모든 사람을 '평범한' 사람과 '비범한' 사람으로 분류하고 비범한 사람은 인류를 위해 사회에서 규정한 도덕의 범위를 딛고 넘어설 권리가 있다는 생각에 사로잡힌다. 그리고 자기 생각을 실천하기 위해 살아있을 가치가 없다고 생각하는 '이 같이 해로운 존재'인 전당포 노파를 죽이고 훔친 돈으로 어려운 사람을 돕고 새로운 생활을 시작하려고 한다. 그리고 자신이 생각한 대로 결행한다.

그러나 자신을 '비범한' 사람이라고 생각했던 로쟈는 자신이 전혀 그 반열에 들지 못함을 깨닫고 범행 직후부터 지독한 괴로움으로 이미 저지른 죄에 대해서 끔찍한 심리적인 벌을 받게 된다. 감옥보다 더 견디기 힘든 공포감을 동반한 악몽에 시달리는 것은 물론 주변 인물들과의 단절로 심각한 소외감과 부자유함으로 지옥과 같은 시간을 경험하게 된다.

한편, 판사 포르필리는 로쟈가 쓴 범죄론에 관심을 가지며 직감적으로 그를 범인으로 단정하고 끈질긴 논쟁을 통해 심리적으로 압박해 나간다. 그럴수록 로쟈는 죄의식으로 인한 중압감에 더욱 고통스러워한다.

그 즈음, 소냐의 아버지 장례를 도운 것을 계기로 로쟈는 그녀와 가까워진다. 그녀는 가족 부양을 위해 거리의 여자가 되었으나 단단한 믿음을 소유하고 있다. 그녀의 고결한 믿음과 신실한 마음이 로쟈에게는 곧 구원이었다.

로쟈의 범행 일체를 고백받은 소냐는 그의 고통을 이해하면서 자수하라고 권유한다. 8년 형을 선고받은 로쟈는 소냐의 진정한 사랑의 힘으로 드디어 허무의 세계에서 벗어나게 된다.

죄와 벌

시대 배경

《죄와 벌》을 이해하기 위해서는 우선 작품 속 시대적 배경을 이해할 필요가 있다. 실제로 19세기 상트페테르부르크는 모든 도시 가운데서 사망률이 가장 높았다. 여성에 비해 남성 인구가 월등히 많아 매춘과 비합법적인 성문화가 성행했다. 통계에 의하면 출생아의 4분의 1이 비합법적으로 태어난 아이들이었다. 그 결과 성병은 물론 정신병과 폐병, 거기에 알코올 중독까지 포함, 자살률이 러시아에서 1위를 차지했던 도시였다.

작품에서 묘사한 것과 같은 19세기와는 대조적으로 21세기 상트페테르부르크는 많은 여행객들이 오가는 도시로 오랜 역사가 느껴지는 건물들을 잘 보존하고 있었으며 전체적으로 관리가 잘 이루어지고 있다는 느낌을 받았다. 그래서 작품 속에서 언급한 1860년대 흔적을 찾기가 쉽지 않았다. 작품 속 공간들도 깨끗하게 정돈되어 있었고 전체적으로 균형잡힌 모습이었다.

죄와 벌

작가, 작품 설명

표도르 미하일로비치 도스토옙스키(1821-1881)의 이름 앞에는 '잔인한 천재, 인간 영혼의 선견자, 러시아 문학 사상 가장 종교적인 작가, 고슴도치형 인간, 돈과 자유의 작가'등 많은 수식어가 따라다닌다.

《죄와 벌》은 도스토옙스키가 작가로서의 명성을 확고하게 만든 후기 5대 장편 가운데 첫 작품이다. 이 작품은 겉으로는 살인 사건을 다루는 탐정 소설의 형식을 취하고 있지만 실상은 한 가난한 대학생의 범죄를 통해 죄와 벌의 심리적인 과정을 여과 없이 보여주고 있다. 선과 악, 이성과 감성, 불안과 고독, 자유와 사랑 등을 제시하고 있는 작품이다.

도스토옙스키가 생생한 범죄 현장 묘사가 가능했던 이유

손에 땀을 쥐게 하는 이 생생한 범죄 현장 묘사는 대체 어떻게 탄생하게 된 걸까? 실제 살인 경험이 있는 당사자가 아니었을까 의심이 들 정도로 치밀한 구성과 생생한 묘사에 혀를 내두르게 했다. 그런데 그런 글을 쓸 수 있었던 요인은 바로 도스토옙스키가 열렬한 신문 구독자였다는 점이다.

작중 인물 로쟈처럼 도스토옙스키 역시 돈이 필요했다. 그러나 로쟈가 훔친 돈의 쓰임과 작가가 필요한 돈의 쓰임은 좀 달랐다. 노름을 좋아했던 작가는 젊은 시절 한탕주의자였던 것 같다. 부모에게 물려받은 유산도 한꺼번에 요구해서 빠른 시간에 탕진해버린 작가는 빚도 갚고 노름도 해야 했기에 돈이 필요했다. 그래서 소설을 썼다. 그것도 잘 팔리는 소설을 써야 했다. 그러기 위해서는 재미있어야 했고 멜로 드라마 요소를 반드시 포함해야 했다. 그렇다. 상품이 될 만한 책을 쓰기 위해서는 당연히 소비자의 욕구를 알아야 한다는 것을 작가는 너무도 잘 알고 있었다. 그래서 아무리 형편이 어려워도 신문만은 정말 열심히 구독했다. 특히 사회면을 꼼꼼하게 탐독했다. 그것이 곧 《죄와 벌》의 영감의 원천이 되었으리라.

로쟈의 이야기는 1865년 1월, 가게 점원 치스토프가 노파 두 명을 도끼로 살해하고 금품을 강탈한 실제 살인 사건을 모티프로 삼았다. 특히 인간 영혼의 어두운 측면을 자세히 들여다 볼 수 있는 재판 기록을 도스토옙스키는 꼼꼼하게 살폈다고 한다. 이런 철저한 고민과 탐색이 있었기에 오늘날까지도 우리의 심금을 울리는 명작이 탄생할 수 있었던 게 아닐까?

노파의 유언장

   나이가 들어서 다시 읽었던 《죄와 벌》에서는 '이 같은 노파', '짐승 같은 노파'가 미리 작성해 두었다는 유언장에 대해 짧게 언급한 부분이 있었는데, 그 부분을 읽으면서 너무 어이가 없었고 이해가 불가능하다는 느낌을 받았다. 그렇게 악랄하고 지독하게 모은 돈 전부를 수도원에 기부하고 그 대가로 사후에 자신을 위해 영원히 추도 미사를 올려달라는 노파의 유언을 어떻게 해석해야 할까? 피 같이 빨아들인 그 돈을 그녀가 믿었던 신에게 바치면 기뻐하실 거라고 생각한 걸까? 그것도 대가 없는 기부가 아닌 영원히 자신의 추도 미사를 당부한 조건부 기부였다.

   그녀에게 현재의 삶이란 무엇이었을까? 정말 이 같고 짐승 같은 노파의 삶뿐이었을까? 안타까운 건 정말 그녀의 삶은 그게 전부였을지도 모른다는 거였다.

프롤로그

지바고의 길 위에서

프롤로그.
Scene # 01

" 도서관에서 나는 독서에 열중한 그녀의 모습을 이런 육체노동에 쏟는 정열과 비교했었다. 그러나 지금은 그 반대로 마치 책을 읽듯이 쉽게 물을 긷고 있다. 어떤 일에도 그녀는 정말 유연하다. 마치 어린 시절을 향해 질주하는 법을 터득하고, 지금 그것으로 모든 일을 시작하자마자 바로, 저절로, 자연스럽게 나오는 결과처럼 쉽게 해내는 것 같다. 그것은 그녀가 허리를 구부릴 때 드러나는 등의 곡선에, 입술이 벌어지고 턱이 둥글어지는 미소에, 그녀의 말과 생각에서도 나타난다. " 24

영화 〈닥터 지바고〉 중 가장 인상 깊게 남아있는 장면 중 하나는 '라라의 테마'가 흐르는 가운데 도서관에서 지바고와 라라가 재회하던 장면이다. 특히 두 사람의 촉촉이 젖은 눈빛 사이로 흐르던 '라라의 테마'는 영화 OST 중 최고로 기억될 정도로 완벽했다.

라라는 아름다운 자신에게 벌을 주듯 자신의 본능적인 면을 경멸하면서 아름답고 매혹적으로 보이는 걸 원치 않는 여성이었다. 그런 '도도한 적대심'이 그녀의 매력을 더 돋보이게 했다. '독서가 인간의 지고한 활동이 아니라 마치 동물도 할 수 있는 단순한 일'이라는 듯 도서관에서 책을 읽고 있는 그녀. 그리고 그런 모습에 감탄하며 그녀를 바라보고 있는 지바고의 모습은 나에게 깊은 인상을 심어줄 만큼 충분히 매력적인 장면이었다.

영화에서는 극적인 효과를 살리기 위해서 도서관에서의 재회를 보여주고 있지만 원작에서는 달랐다. 도서관에서는 서로를 알아보긴 하지만, 아는 체는 하지 않는다. 재회한 장소는 바로 라라의 집 앞 우물가에서였다. 평소와 다름없어 보이는 자연스러운 조우였다. 놀라고 당황했겠지만 라라는 조용하게

" *지바고!* "

라고 했을 뿐이다.

프롤로그.
Scene # 02

설원이 펼쳐진 평야로 트로이카를 타고 떠나는 라라를 더 오래 보기 위해 다락방으로 달려가 유리창을 깬다. 그리고 라라가 까만 점으로 변해서 사라질 때까지 멀어져 가던 마차를 바라보던 지바고. 라라의 흔적이 완전히 사라질 때까지 움직이지 않은 채 슬픔을 삼키던 유리 지바고의 모습을 지켜보는 것은 관객인 나에게도 고문이었다. 지바고의 가슴뿐 아니라 내 가슴까지 시려올 정도로 슬픈 장면이었으니까. 당시 극장은 춥고 추운 러시아 영화를 감상하고 또 공감하기에 최적의 환경이었다. 시멘트 바닥에서 올라오던 냉기, 실내인데도 불구하고 새어 들어오던 차가운 바람. 내가 시베리아 벌판에서 지바고의 한 발자국 뒤에 서 있는 것 같은 느낌을 받기에 부족함이 없었다.

원작에서는 현관 앞에 서서 썰매와 함께 그녀가 사라지는 모습을 바라볼 분이었다. 저 멀리 사라져가는 하나의 점에 자신의 모든 신경이 쏠린 채, 움푹 들어간 곳을 지나느라 보이지 않았지만 곧 거기서 빠져나와 빠르게 질주하는 썰매를 바라보며 지바고는 가슴속에서 치솟는 말들을 했다.

" 안녕, 내 하나뿐인 사랑, 영원히 잃어버린 내 사람. 이 세상에서는 영원히 당신을 만나지 못하겠지. " [25]

그렇다. 그것이 지바고와 라라, 그들의 마지막이었다.

프롤로그.

현실에서 연결되는 두 작품
죄와 벌, 그리고 닥터 지바고

작품은 테마, 상황, 주제, 주인공 등 많은 것을 통해 표현된다. 그러나 무엇보다도 그 속에 담긴 예술의 현존으로 말한다. 《죄와 벌》에 담긴 예술의 현존이 라스콜니코프의 범죄보다 한층 놀라운 것도 바로 그런 까닭이다. [26]

우리가 향유하고 있는 예술은 수십수백수천 년 동안 내려온, 변하지 않고 유일무이하게 남은 것이다. 삶과 생명에 대한 사유이고 주장이다. 지금까지 남아있는 예술 속 이야기들은 쉽게 잊히지 않고 우리 곁에 머무른다. 그 이유는 우리 삶 속에서 비슷한 이야기들을 수도 없이 만나기 때문이다.

《죄와 벌》속 인물인 로쟈와 소냐가, 《닥터 지바고》속 인물인 지바고와 토냐, 그리고 라라와 파샤가 나이고 당신이다, 지금 당신이 떠올리는 바로 그 사람이기도 하다. 우리 주변에서도 여전히 예술을 살아있는 삶으로 만날 수 있다는 건 언제 생각해도 놀라운 일이다.

글을 시작하기 전에

삶은 이유도 없이 되돌아왔다.
언젠가 기묘하게 단절되었던 것처럼
나는 그 옛날 그 거리에 서 있다.
그때와 같은 여름, 같은 시간에.

    지바고의 시를 읊조리다가 2년 전 여름, 모스크바 외곽에 있는 페레델키노에서의 추억이 떠올랐다. 정말 삶은 이유도 없이 되돌아왔고, 페레델키노 그 거리 어디쯤에서 서성거렸던 내 모습은 청사진으로 다가왔다. 머지 않은 미래에 그곳을 다시 걷고 있을지도 모른다. 그때도 나의 삶은 여전히 흐르겠지. 그해 여름처럼, 어쩌면 어제처럼. 내일은 다시 오늘처럼...

지바고의 길 위에서

소설과 현실 사이에서

| 본문 시작 전, 일러두기
작품 속 등장인물, 괄호 안의 이름으로 통일
유리 안드레예비치 지바고 (지바고)
안토니나 알렉산드로브나 그로메코 (토냐) - 지바고의 아내
라리사 표도로브나 기샤르 (라라)
파벨 파블로비치 안티포프 (파샤) - 라라의 남편
빅토르 아폴리토비치 코마롭스키 (코마롭스키)
엡그라프 안드레예비치 지바고 (엡그라프) - 지바고의 이복동생

| 《닥터 지바고》 참고 자료
보리스 파스테르나크, 《닥터 지바고 1권, 2권》, 박형규 옮김, 문학동네, 2018,
류시화, 《시로 납치하다》, 더숲, 2018

2018년 모스크바
아르바트 거리 (Arbat St.)

"체르노고리야는 손 내밀면 닿을 만한 곳에 있었는데, 스몰렌스키 불바르(산책길)와 노빈스키 불바르가 있는 사도바야 거리의 중간쯤에 있었다." [27]

2018년 여름, 모스크바 여행 중 아르바트 거리에 위치한 숙소에서 꿈을 꿨다. 젊은 시절 큰 감동을 불러일으켰던 영화 〈닥터 지바고〉 DVD가 아르바트 거리 벤치에 버려진 꿈이었다. 가만히 생각해 보니 내 첫사랑에 관한 꿈이었다. 아르바트 벤치에 내 옛 추억이, 내 첫사랑이 앉아 있었던 거라고 이해했다.

" 라라의 아파트는 아르바트 거리의 커다란 건물 꼭대기 층에 있었다. 이 층의 창문은 동지가 지나면 해빙기에 범람하는 강처럼 넓고 푸르고 빛나는 하늘로 채워졌다. 반쯤 남은 겨울이 지나는 동안 집안은 봄의 신호와 징후로 가득했다. " 28

아르바트Arbat 거리는《닥터 지바고》작품 속에서 지바고가 아내 토냐와 함께 살았던 집 부근이었으며, 라라의 아파트가 있던 거리였다. 세 차례의 모스크바 여행 중 자주 머물렀던 숙소 부근이었다. 주로 스몰렌스카야역에서 내려 숙소로 이동했고, 스몰렌스키와 노빈스키 거리를 자주 걷기도했다. 작중 인물들을 생각하면서 걷기도 했고, 지척에 있던 돔끄니기(모스크바 대형 서점) 2층 북 카페에서 커피를 마시며 보리스 파스테르나크의 책들을 자주 꺼내보았던 기억이 났다. 여행 중 스몰렌스카야역을 자주 이용하면서 이 거리 어디쯤 보리스 파스테르나크의 발자취도 분명 있을 거라는 생각에 가슴이 뛰었다. 어쩌면 파스테르나크 역시 아르바트 거리의 명소인 푸시킨 신혼집 앞을 거쳐 바흐탄고프 극장 주변을 자주 오고 갔을 지도 모를 일이니까 말이다. 어쩌면 스몰렌스카야역을 자주 이용하며 모스크바 시내를 이동했을 수도 있다.

페레델키노.
파스테르나크, 오마샤리프,
그리고 닥터 지바고를 찾아서

| 내가 나무를 사랑한다는 걸 나는 몰랐었다.

- 페레델키노에서 만난 나무

불현듯《닥터 지바고》가 탄생했던 곳으로 여행을 떠나고 싶어졌다. 보리스 파스테르나크, 오마 샤리프, 그리고 닥터 지바고를 만나기 위해. 목적지는《닥터 지바고》를 집필했던 별장이 있는 페레델키노. 알고 있는 것이라고는 그곳에 다차가 있다는 것, 그것이 전부였다.

제2차 세계 대전 이후에 파스테르나크는 출판에 대한 기대 없이 모스크바 근교 페레델키노 작가촌 별장에서《닥터 지바고》를 쓰기 시작했다. 시의 상징성에서 벗어나 구체적이고 직접적인 표현으로 《닥터 지바고》를 집필하며 침묵과 고독 속에 칩거했을 페레델키노 집필실. 그곳에서 잉태하여 고통스럽게 출산했을 명작의 흔적이라도 느껴보고 싶은 간절한 마음으로 아침 일찍 숙소를 나섰다.

키엡스키발 페레델키노행의 이른 열차를 타고 잊고 있던 첫사랑을 찾아 나섰다. 페레델키노역에서 하차 후, 파스테르나크가 언급한 레몬 향 숨결을 느껴보려고 한 시간 이상 나무 울창한 길을 걷고 멈추고 또 걷기를 반복했다. 문득 그 길을 걷다보니 언젠가 읽고 마음에 꽂혔던 나짐 히크메트의 〈내가 사랑한다는 걸 몰랐던 것들〉이라는 詩의 한 구절이 떠올랐다.

내가 나무를 사랑한다는 걸 나는 몰랐었다.
모스크바 근처 페레델키노에 있는
헐벗은 너도 밤나무들을.
겨울에 그 나무들과 우연히 마주쳤었다,
고귀하고 겸손한 나무들. [29]

그 때 그 숲길을 걷고 있던 그 순간의 내 마음이 그랬다. 내가 진심으로 나무를 사랑하고 있다는 것을 실감할 수 있었다. 다차를 향해 그 길을 걸었을 때는 한여름이라 초록이 무성한 너도밤나무와 자작나무를 만났다. 그 우연한 만남에 얼마나 감사했는지 모른다.

- 다차로 가는 길

페레델키노는 아무래도 외곽 지역이라 구글맵이 자주 끊겼다. 문명의 혜택을 누릴 수 없는 곳에서는 아날로그식 여행을 즐기자고 마음먹었기에 그저 행인에게 물어가면서 다차를 찾아갔다.

지금까지의 여행 경험에 비추어 볼 때, 내 수준의 영어로 원하는 장소를 찾아가는 데는 큰 불편이 없었다. 그런데 러시아는 프랑스보다 영어를 사용하는 사람이 더 드문 것 같았다. 젊은이들보다는 지식인인 듯 보이는 중년층에게 묻는 게 그나마 중학생 수준의 영어로 소통할 수 있는 방법이었다. 친절한 러시아 중년 남성이 알려준 대로 페레델키노역에서부터 다차 중반까지는 잘 찾아갈 수 있었다. 다음부터가 난관이었다. 하지만 포기하지 않는 한 불가능은 없다. 그렇게 물어물어 한 시간이 넘게 걸어서 드디어 보리스 파스테르나크의 다차 앞에 선 순간의 기분을 어떻게 표현할까? 모든 것을 다 얻은 것 같은 기분이었다.

다차

| 멋진 여름, 아름다운 여름이여! 그것은 진정 마법이런가.

- 다차의 정원

다차로 들어가 정원을 거니는데 방금 떨어진 듯한 빨갛게 익은 사과 몇 알이 녹색 잔디 위에 뒹굴고 있었다. 파스테르나크가 내 지친 영혼에게 주는 선물처럼 느껴졌다. 외투 자락에 쓱쓱 문질러 한 입 베어물자 달콤한 과육이 입안 가득 번졌다.

　다차 오픈 시간은 11시이다. 이른 시간에 도착해 정원을 거닐며 휴식을 취하다가 첫 방문객으로 입장했다. 소박한 식탁, 정갈한 다기, 국화 꽃힌 화병, 액자 속 파스테르나크가 식탁 바로 그 자리에 서있는 것 같은 느낌이었다. 목조 가옥 2층 작업실의 옷장에는 방금 외출했다가 돌아와 벗어 걸어 놓은 듯한 외투, 머플러, 모자가 있었다. 게다가 방문 옆에 가지런히 벗어놓은 부츠까지... 순간 눈물이 핑 돌았다. 이번 여행에서는 유독 눈물샘이 자주 터졌다. 말로 설명하기 힘든 정서들이 차오른 경우가 많았기 때문이다.

- 다차의 정원, 여름

혁명 정부 수립 후 지바고와 같은 지식인들은 우선 숙청 대상이었다. 이를 피해 우랄산맥의 바리키노에서 궁핍하지만 평화로운 전원생활을 시작했던 지바고 가족을 떠올려본다. 식물에 관심 많았던 닥터 지바고는, 작가 파스테르나크의 자화상이기도 했다. 그의 다차를 둘러보며 이곳 식물에도 따뜻한 애정을 기울였을 파스테르나크의 모습이 떠올랐다. 자연물 묘사가 세밀한 것을 보면 식물에 관한 그의 해박한 지식을 느낄 수 있었다.

멋진 여름, 아름다운 여름이여!
그것은 진정 마법이런가.
나는 묻고 싶다, 그것이 우리에게
어떻게 아무런 이유도 없이 주어졌을까? [30]

지바고는 해가 뜨고 질 때까지 자신과 가족을 위해 일하며, 땅을 경작하고, 육체를 움직이며, 여섯 시간이 넘도록 나무를 찍거나 땅을 일구었다. 당시 지바고의 뇌리를 스쳐갔을 수 많은 생각들이 떠올랐다. 그런 생활 속에서 '참된 결핍'과 '굳센 건강'이라는 가장 강력한 약물에 감사했을 지바고의 모습이 그려졌다.

- 다차의 정원, 겨울

바리키노의 겨울, 시간적 여유가 생기자 지바고는 다양한 글쓰기를 시작했다.

" 나는 겨울의 새벽이 오기 전 이른 시간에 당장이라도 꺼질 것처럼 깜빡깜빡하는 등불을 들고 지하 움막의 문을 들어 올릴 때 근채류와 흙과 눈에서 풍기는 겨울의 따뜻한 냄새를 사랑한다. 헛간에서 나와도 아직 동이 트기 전이다. 문이 삐걱거리거나, 갑자기 재채기를 하거나, 보드득하고 눈 밟는 소리가 나면, 아직 단단한 양배추 심지가 눈 위로 튀어나와 있는 멀리 채소밭 이랑에서 놀란 토끼들이 도망치며 눈밭에 이리저리 발자국을 남긴다. 그리고 주위의 개들이 한 마리씩 길게 짖어댄다. 마지막으로 수탉들이 아침 일찍 한차례 화를 치고는 더 이상 울지 않는다. 그리고 동이 튼다. " [31]

정직한 노동의 과정을 통해 경험하고 깨달은 것들을 글로 표현했던 지바고, 그가 언급한 따뜻함이 느껴지는 겨울 냄새를 맡아보고 싶어졌다. 이런 표현은 작가의 진짜 경험 없이는 나오기 어려운 표현이었다.

- 바리키노의 도서관

지바고는 우랄산맥의 오지 바리키노, 그곳에서 가까운 유랴틴 시립 도서관에서 라라와 재회한다. 이후 지바고는 토냐와 라라 사이에서 이중생활을 하며 고통스러워했다.

안정된 마음과 정신적 평온을 지닌 토냐를 지바고는 숭배할 정도로 사랑했고 그녀의 명예를 지켜주려고 노력했다. 지바고는 토냐를 배신한 것일까? 그는 토냐와 라라 사이에서 선택도 비교도 하지 않았다. '자유연애 사상'이니 '감정의 권리와 요구'같은 말들을 저속하게 여겼다. 그는 더러워진 양심의 중압감에 지쳐있었고 자신의 죄가 떠올라 온몸이 굳어져 오는 것 같다고 했다. 그런 그에게 라라는 진심을 다해 대답했다.

" 내 걱정은 하지 말고 당신 좋을 대로 해요. 나는 다 극복할 수 있어요. " [32]

- 다차 피아노실

" 그로메코 형제의 집 아래층은 손님용으로 썼다. 아래층
은 연한 피스타치오색 커튼, 거울처럼 반짝이는 피아노 뚜
껑, 수족관, 올리브색 가구, 해초를 닮은 실내 식물 덕분에
나른하게 흔들리는 초록색 해저 같은 인상을 주었다. 그로
메코 집안사람들은 교양 있고 친절하고 아주 박식한 데다
음악을 사랑했다. 그들은 사람들을 불러 피아노 삼중주, 바
이올린 소나타, 현악 사중주를 연주하는 실내악의 밤을 종
종 열었다. " [33]

다차 피아노실에 들어섰을 때는 작품에서 언급했던 그로
메코 형제의 집이 자연스레 떠올랐다. 파스테르나크는 어떤
곡을 주로 연주했을까? 이 방에서 울려 퍼졌을, 그의 손끝으
로 터치한 건반의 음표들이 맑은 창가로 번지는 것 같은 착
각을 불러 일으켰다.

모스크바대학교 법학부에 입학했으나 피아니스트였던 어머니의 영향이었을까? 본래의 전공보다는 음악에 더 흥미를 느꼈고 재능이 있었던 파스테르나크는 작곡을 하면서 시도 쓰기 시작했다. 이후 그는 문예지에 시를 발표하면서 시인의 길로 접어들었다. 한마디로 만능 예술인이었다.

- 다차의 책상

《닥터 지바고》의 탄생지이자 그가 삶을 마감하기까지 오랜 기간을 보냈던 현장에서 보낸 한나절은 결코 녹록지가 않았다. 특히 그의 책상 앞에서 오래도록 움직이지 못한 채

작디작은 삶의 조각들이라도 만나볼 수 있길 바랐다. 각 방마다 있던 안내원들은 내가 그곳에 그렇게 오래 머무는 이유를 안다는 듯이 보일 듯 말 듯 한 미소를 건넸다.

파스테르나크의 책상 앞에 선 순간 가슴이 너무 벅차서 호흡하는 게 쉽지 않았다. 저 책상에서 닥터 지바고와 라라가 탄생했구나. 유리 지바고는 방관자적 지식인의 비겁한 삶을 끝까지 유지했다. 누가 봐도 나약한 인물이었다. 그렇지만 나는 어둡고 비극적인 역사 속에서 내적 망명자의 길을 선택할 수밖에 없었던 불운한 시인으로 그를 기억해 주고 싶었다.

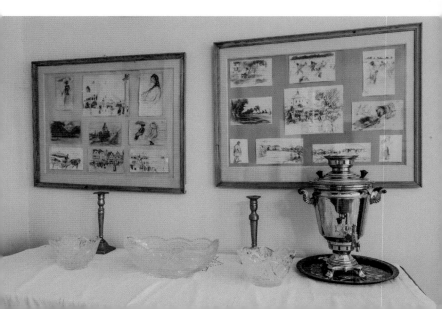

나는 끝났지만, 당신은 살아 있다.
바람은 하소연하고 울부짖으며,
숲과 다차를 뒤흔든다.
소나무 한 그루 한 그루가 아니라,
끝없이 펼쳐진 먼 숲
모든 나무를 한꺼번에
해안의 수면에 떠 있는
돛단배 선체처럼 뒤흔든다.
그것은 무모한 용기
목적 없는 분노가 아니라,
당신을 위해 이 슬픔 속에서
자장가의 노랫말을 찾으려는 것이다. [34]

다시 읽는 닥터 지바고

" 사람은 살아가기 위해서 태어나는 것이지, 삶을 준비하기 위해서 태어나는 것이 아닙니다. 인생의 현상, 인생이라는 선물, 그 자체는 숨이 막힐 만큼 진지한 것입니다. "

- 보리스 파스테르나크

여행 후 《닥터 지바고》를 다시 읽어보고 싶었다. 작품 속 인물을 더 깊이 이해하고, 영화도 여러 번 봤다. 그리고 작품을 집필했던 그 현장까지 다녀와서 읽는 느낌은 또 다를 것 같다는 기대가 생겼다.

두 번째로 《닥터 지바고》를 읽는 내내, 지바고와 토냐, 그리고 라라와 파샤의 인생을 만나면서 그들이 인생에서 받았던 선물을 떠올렸다. 그들이야말로 살아가기 위한 사람들이었다. 그들의 삶에서 슬픔이나 회한도 어쩌면 선물이었을지 모른다는 생각이 들었다.

파스테르나크는 말했다.

"발을 헛디뎌 보지 않은 사람을 사랑하지 않는다."

작품 속 인물 대부분이 살아가면서 발을 헛디뎌 본 사람들이다. 그들의 발자취를 따라가면서 스스로 묻고 답할 수밖에 없었던 순간들이 많았다. '지금 난 내 인생의 길을 잘 찾아가고 있는 걸까? 인생이 내게 베푼 선물을 제대로 즐기며 살아가고 있는 걸까?'

《닥터 지바고》를 처음 읽었을 때는 단순히 지바고와 라라의 사랑에 대한 비극을 주제로 한 작품이라고만 생각했다. 영화 속 장면들도 두 인물에게 초점을 맞추는 듯했고, '라라의 테마 OST'가 《닥터 지바고》의 전체적인 분위기로 느껴졌던 적도 있었다. 하지만 다시 읽으면서는 지바고와 라라뿐 아니라 그 주변 인물에게로 관심이 확장되어 나갔다.

- 파샤와 토냐

| 당신과 함께 살았던 그곳으로 돌아갈 수만 있다면 세상 끝에서 그 집 문턱을 향해 무릎으로 기어서라도 갈 거라고 말했어요.

" 미안합니다. 이런 부탁을 해선 안 되는 줄 알지만, 지나치게 무례한 일이 아니라면, 당신이 대답해 줄 수 있다면, 그녀가 뭐라고 말했는지 정확하게 되풀이해 줄 수 있습니까? "

" 기꺼이 하겠습니다. 당신은 순수함의 구현이고, 당신만한 남자는 본 적이 없고, 진정 높은 수준에 도달한 유일한 사람이며, 당신과 함께 살았던 그곳으로 돌아갈 수만 있다면 세상 끝에서 그 집 문턱을 향해 무릎으로 기어서라도 갈 거라고 말했어요. " [35]

라라가 파샤를 향한 깊은 애정과 존경을 절절하게 드러낸 대목이다. 《닥터 지바고》를 다시 읽는 과정에서 유독 오래 내 마음을 움직였던 대목이었다. 오래전부터 과민한 생각을 하며 세기의 불안을 읽어낼 수 있었던 라라. 그리고 그녀를 가슴 켜켜이 새겨둔 파샤. 라라에게 파샤는 무한한 사랑을 받을 자격이 있었던 남편이었던 것이다.

영화는 시간의 한계가 있어 지바고와 라라에게만 집중하고 있다. 하지만 원작에서 볼 수 있는 이러한 섬세한 묘사는 더 많은 인물들을 더 깊이 있게 이해할 수 있도록 도와준다. 이것이 원작을 읽어야 할 중요한 이유라고 생각한다. 원작은 지바고의 고결하고 순수한 아내 토냐의 단아한 성품에 대해서 자세히 묘사하고 있다. 토냐가 지바고에게 남긴 마지막 편지의 일부이다.

" 나는 당신의 남다른 점을, 좋은 점과 나쁜 점을 모두 사랑하고, 당신의 평범하면서도 특별한 결합으로 갖게 된 모든 소중한 측면을, 부족한 의지를 보완해 주는 것 같은 당신의 재능과 지성도 사랑해. 그 모든 것이 나에게는 더없이 소중하고, 나는 당신보다 더 나은 사람을 보지 못했어. 사랑하지 않는다는 건 거의 살인이나 마찬가지고, 나는 누구에게도 그런 타격을 주는 것을 견딜 수 없거든. 우리는 파리로 가게 될 것 같아. 당신이 어렸을 때 따라갔던 먼 나라, 눈물로 심장이 터질 것 같아. " [36]

토냐는 이별과 고난 앞에서 한 치 앞도 내다볼 수 없는 처지임에도 불구하고 남편을 원망하지 않았다. 지바고에게 진정으로 자신이 원하는 삶을 살아가길 바랄 뿐이라고 했으니까. 지바고의 심경은 어땠을까? 가족과의 영원한 이별을 감지한 채 짓이겨진 절망 앞에서 형언할 수 없는 고통을 느꼈을 것이다.

- 토냐와 라라

| 당신 아내 토냐는 정말 훌륭한 여성이에요. 보티첼리의 그림 같은 사람이죠.

토냐와 라라, 두 여성은 완전히 다른 삶의 길을 걸었다. '삶을 단순히 살며 올바른 길을 찾기 위해 세상에 태어난' 토냐와 '삶을 복잡하게 살며 정도에서 벗어나기 위해 태어난' 라라, 이 두 여성의 정반대되는 삶의 궤적들이 원작에서는 설득력 있게 그려지고 있다.

" 당신은 꼭 가족에게 돌아가야 해요. 나는 하루라도 쓸데없이 당신을 여기 붙잡아 둘 생각은 없어요. 당신 아내 토냐는 정말 훌륭한 여성이에요. 보티첼리의 그림 같은 사람이죠. 나는 그녀의 출산을 도왔어요. 우리는 아주 친해졌고요. " [37]

" 무섭고 숙명적인 우랄을 떠나기 전, 나는 아주 짧은 동안이었지만 그녀(라라)와 알고 지냈어. 그녀는 고맙게도, 내가 힘들었을 때 늘 곁에 있어줬고, 해산할 때도 나를 도와줬어. 나는 그녀가 좋은 사람이라고 진심으로 인정해야겠지만, 솔직히 말해서 그녀는 나와 정반대되는 사람이야. " [38]

1978년 서울
그 땐 알지 못했던 것들

1978년 겨울, 영화 〈닥터 지바고〉(미국, 1965)와 첫 만남을 가졌다. 무진장 추운 겨울이었던 걸로 기억한다. 그해 겨울 스카라극장에서 관람한 3시간(197분)이 넘는 장편 영화를, 십 대 후반에 홀로 오롯이 관람했던 추억이 떠올랐다.

1978년, 그 시절만 해도 나와는 너무 먼 거리에 있는 나라로만 느껴졌던 러시아였다. 시베리아, 흩날리는 눈발, 빙판길, 이국적인 정서가 물씬 풍겼던 구소련, 지금의 러시아, 모스크바, 그리고 그 도시에서 그리 멀지 않은 외곽에 《닥터 지바고》를 탄생시킨 보리스 파스테르나크의 집필실이 있다는 것을 한참이 지난 후에야 알게 됐다.

한참 후에 안 것은 그것뿐이 아니었다. 영화 속 겨울 설경은 러시아가 아닌 핀란드에서 촬영했으며, 대부분 에스파냐에서 찍었고, 처음과 마지막 장면에 등장하는 광활한 자연 풍광은 스페인과 포르투갈 사이 어느 댐에서 가져온 풍경이었다는 것도 얼마 전에야 알게 된 것들이다.

- 닥터지바고, 재해석

이후 DVD로 〈닥터 지바고〉를 다시 관람하면서 보리스 파스테르나크의 고뇌를, 유리 지바고의 갈등을, 오마 샤리프의 눈빛을 가슴 먹먹할 만큼 아프게 만났다. 보리스 파스테르나크, 유리 지바고, 오마 샤리프! 세 사람은 분명 각각 다른 인물이었음에도 내겐 순간순간 동일 인물처럼 느껴졌다.

원작뿐 아니라 이 빛나는 소설을 영화화한 〈닥터 지바고〉는 내 나이 또래 사람들에겐 추억의 명작으로 기억될 것이다. 특히 이 영화는 이집트계 배우 오마 샤리프를 일약 스타덤에 올려놓은 작품으로 더 유명하다. 그는 의사이자 시인인 유리 지바고로 분해서 시인의 상처받기 쉬운 감성과 지성, 시대적 상황 속에서 토냐와 라라를 모두 사랑할 수밖에 없었던 복잡하고 다층적인 심경을 훌륭하게 표현했다는 평을 받았다.

누군가는 줄리 크리스티의 라라가 아니라면 〈닥터 지바고〉를 리메이크하지 말아야 한다고 강력히 주장하기도 한다. '라라가 곧 줄리 크리스티고, 줄리 크리스티가 곧 라라'라는 공식이라도 있다는 듯 말이다.

그런데 재미있는 것은 2002년 영국 TV 시리즈로 키이라 나이틀리의 라라가 재탄생했다는 것이다. 워낙 〈닥터 지바고〉의 광팬이라 국내에서는 개봉하지 않는다는 사실을 알고 DVD를 구입해서 관람했다. 키이라 나이틀리의 라라는 줄리 크리스티의 라라만은 못했지만, 개인적으로 어린 시절의 라라 역만큼은 무난히 소화해냈다는 생각이다.

고전 문학 작품을 영화화하는 것에다, 그것도 리메이크하는 영화라는 점에 대한 부담감으로 키이라 나이틀리는 '라라'라는 캐릭터 분석에 더 엄격하고 철저하게 심혈을 기울였으리라 믿어 의심치 않는다. 이때 키이라 나이틀리의 나이는 고작 17세였다.

다시, 2018년 그리고 1978년

시공간을 뛰어넘는 감동

" 감동은 공간이 아니라 시간 "

다차 공간에서 찍은 사진들을 정리하다가 문득 "감동은 공간이 아니라 시간"이라고 했던 건축가 조한 교수의 말이 떠올랐다. 파스테르나크의 시간과 그가 거쳐갔던 공간 앞에 서 있는 나의 시간이 어느 순간 겹쳐졌을 것이다. 그가 여닫던 문으로 내가 통과하고, 그가 수 없이 앉아서 고뇌했을 책상 앞에서 그의 모습을 그려보고, 그의 손길이 가닿았을 책장 앞에서의 그를 떠올려보고, 글이 풀리지 않을 때 서성거

리며 밟았을 서재 안 마룻바닥에 내 발자국을 남기며 파스테르나크와 나는 알게 모르게 여러 순간 만난 것이다.

시간은 공간 안에서의 시간을 의미한다. 페리델리노 다차라는 공간 안에서의 시간을 떠올린다는 것은, 정원에서 맡았던 산산한 바람 냄새, 사과 향기, 삐걱거리던 마룻바닥의 감촉, 창가에서 햇살을 받으며 빛나던 녹색 식물에 감탄하던 순간, 서재에 들어섰을 때의 서늘한 기운, 깨끗하게 정돈된 책상 언저리를 어루만졌을 때의 감촉, 벗어 놓은 외투와 모자에서 느껴졌던 체취, 그가 때때로 연주했을 피아노 앞에서 피아노 몸체를 어루만졌을 때의 촉감을 기억하는 것이다. 그 공간에서의 기억이 바로 어제 일처럼 선명하다.

다시, 2018년 그리고 1978년
2018년에 발견한 유리 지바고의 시

예전에 읽었을 때는 소설뿐이었다고 생각했었다. 그런데 이번에 《닥터 지바고》를 찬찬히 다시 읽으면서 마지막 장에 유리 지바고의 시가 실렸었다는 것을 알게 되었다.

유리 지바고는 러시아 땅에 허위가 찾아왔던 순간부터 예민한 시선으로 세상을 살펴왔음을, 개인의 의견이라는 가치를 믿지 않는 자체가 불행의 시작이었음을, 모두가 한목소리를 내야 한다는 강요된 관념이 슬픔의 강이었음을, 활발한 공기가 사라지며 숭고하고 이성적인 것들이 타락하게 됐음을 시로써 노래했다.

그의 시를 읽고 있으면 한 인간의 자유로운 삶에 대한 강렬한 확신과 열정이 느껴진다. 읽는 동안 어떤 시구 앞에서는 울림과 떨림이 동시에 느껴지면서, 몸 저 밑바닥에서 뜨거운 기운이 솟아오르는 먹먹함을 체험하고, 문득 눈시울이 뜨거워지는 순간들도 있었다. 닥터 지바고의 비극적인 생애와 보리스 파스테르나크의 문학적 삶에 대해 인지하고 있는 사람이라면 누구나 그렇게 느낄 것 같았다.

약속한 대로, 어김없이
이른 아침 태양이
커튼에서 소파까지
사프란색 빛을 비스듬히 찌른다.

태양은 뜨거운 황토로
근처 숲, 마을의 집들,
나의 침대, 축축한 베개와
책장 너머 벽 모서리를 덮었다. [39]

집필실 한 켠에 자리하고 있던 작은 침대가 떠올랐다. 장
신(長身)인 그가 사용했다고 하기엔 너무 작은 침대가 아닐
까 싶을 만큼 소박한 침대였다. 소설을 쓰다가 많은 작품 속
인물과 머리와 마음으로 소통하다가 불협화음이 발생하면

잠시 누워서 휴식을 취했던 공간이 아니었을까 하고 미루어 짐작해 보기도 하면서, 그의 공간을 내 공간인 것처럼 한참 배회하던 시간이 어제 일처럼 느껴졌다.

《닥터 지바고》의 마지막 장인 17장 유리 지바고의 시를 쓰던 때는 어떤 계절이었을까? 아마 여러 계절이 걸쳐있을 것이다. 그런데도 유독 겨울 장면이 떠오르는 건 왜일까? 영화 속 설경처럼 밖이 꽁꽁 얼어붙은 혹한의 겨울, 파스테르나크도 지바고처럼 손가락장갑을 끼고 시를 썼을까?

영화 속의 명장면, 유리 지바고가 손가락장갑을 끼고 하얀 입김을 내뿜으며 얼음장 같은 거실에서 습작을 한다. 시는 글로만 쓰이는 게 아니라 영상으로도 쓰일 수 있다는 것을 내게 극명하게 보여준 장면이었다.

143

"그(지바고)는 창가에 놓인 매혹적인 책상을 아침 일찍부터 넋을 잃고 바라보았다. 뭔가를 쓰고 싶어 손이 근질근질했다. 그는 글씨에 영혼이 들어가지 않아 개성을 잃어버리는 일이 없도록 글씨가 손의 생생한 움직임을 잘 전달할 수 있도록 신경 쓰면서 자간을 넓게 잡고, 자신이 가장 잘 기억하고 그의 마음속에서 점차 완성도를 갖춰가던 〈크리스마스의 별〉, 〈겨울밤〉 같은 시를, 그리고 그것과 비슷하지만 만들었다가 잊어버리고 내버려 둔 채 다시 발견하지 못했던 시들을 하나씩 써 내려갔다. 언어는 외부에서 울리는 소리가 아니라 내적 흐름을 지닌 힘과 격렬함이라는 점에서 이내 음악으로 바뀐다." [40]

그
대
의

시
로
부
터

에
필
로
그

#1

눈보라가, 온 대지 위에 눈보라가
사방 구석구석으로 휘몰아쳤다.
탁자 위에서는 촛불이 타올랐다.
촛불이 타올랐다.

눈보라는 유리창에
찻잔과 화살을 그렸다.
탁자 위에서는 촛불이 타올랐다.
촛불이 타올랐다. [41]

페레델키노 다차 방문을 마치고 돌아오는 키옙스키행 열차 안에서 유리 지바고의 시를 마음속으로 읊조렸다. 그의 차갑디 찬 날것의 시어를 한겨울 성에 가득한 창문에 하나하나 새기듯이 그려 넣고 싶었다. 써넣는 것이 아니라 그려 넣고 싶었다. 천천히, 고요하게, 내 마음 저 속 깊이 켜켜이 쌓아둔 미련과 불순물들을 비워 내듯 그렇게 말이다.

그러다 문득 지바고 시에 대한 화답으로, 순간 뇌리를 스치고 지나가던 언어들로 시를 끄적여봤다. 그대에게 보내는 시. 보리스 파스테르나크, 아니 닥터 지바고, 아니 오마 샤리프!

그대에게 보내는 시

에필로그 #2

무제

키옙스키발
페레델키노행
이른 열차를 타고
잊고 있던 첫사랑을 찾아 나섰다

러시아식 별장 다차
그가 말한 레몬 향 숨결을
느껴보려고 한 시간 남짓
나무 울창한 길을 걷고
멈추고 또 걷고 멈추기를 여러 번
첫사랑
파스테르나크!
아니
닥터 지바고!
아니
오마 샤리프!
세 사람은 내게 동일 인물

페레델키노
그곳에
녹음
바람
햇볕
공기
행인
모두가
나였네
아니
너였네
아니
파스테르나크였네

11시 오픈
첫 입장
소박한 식탁
정갈한 다기
국화 꽂힌 화병
액자 속 지바고는
식탁 바로 그 자리에 서있고

그의 죽음
그의 삶
그의 향기는
내가 태어난 그 해로
거슬러 올라가
나를 휘감았네

시베리아 바람이
아니면 대체
이 바람이 뭐냐고
투덜대며
한겨울 가운데서
온몸 떨며
스카라극장에
몸을 숨겼나

1978년 겨울
극장 간판으로 만난
지바고는 내 이상형이라고
내 첫사랑이라고
3시간 넘는 상영 시간
내 안에서 뭔가 꿈틀거렸던

이후로

러시아 문학

내 안에 조금씩 스며들어

물들기 시작했어

톨스토이보다

도스토옙스키보다

푸시킨보다

안톤 체호프보다

내 청춘의

불.

꽃.

은.

파스테르나크

아니

닥터 지바고

아니

오마 샤리프

그의 다차를

둘러보는 내내

내 마음속 BGM은

라흐마니노프

피협 2번 2악장

여행하는 여행자들을 위해

지바고의 길을 따라

지바고의 길을 따라 여행하는 여행자들을 위해

모스크바 예술 극장

" 그(지바고의 이복동생 옙그라프)는 지바고에게 예술 극
장 옆에 있는, 그 무렵 아직도 카메르게르스키라고 불리던
뒷골목의 방을 구해주었다. 그(지바고)의 방은 남향이었다.
방에 있는 두 창문은 예술 극장 맞은편 집들의 지붕을 마주
보고 있고, 그 지붕들 너머 오호트니 랴트 위로 여름 해가
높이 떠 골목의 포장도로에 그림자를 드리우고 있었다. " [42]

유리 지바고에게 이 공간은 정신의 풍요로운 향연장, 광
기의 곳간 같은 곳으로 작품 구상 및 새로운 스케치를 하며
새 작품을 써 내려간 곳이었다. 유리 지바고가 표현한 1920
년대의 모스크바 풍경이다.

" 나는 분주한 도시의 교차로에 살고 있다. 햇빛에 눈이
멀 것 같은 여름의 모스크바는 마당의 아스팔트 위에서 작
열하고, 높은 곳에 있는 유리창처럼 빛을 반사하며, 구름과
거리에 흐드러진 꽃들 속에서 호흡하며 나의 주위를 맴돌
아 머리를 몽롱하게 하고, 나에게 자기를 찬양하는 시를 쓰
게 해 다른 사람들의 머리까지 몽롱하게 해주기를 바란다.
모스크바는 그런 의미에서 나를 키우고 나의 손에 예술을
쥐여주었다.

밤낮으로 벽 너머에서 끊임없이 웅성거리는 거리는 현대의 정신과 밀접하게 결부되어 있고, 마치 어둠과 비밀로 가득 찬 채 아직 올라가지는 않았지만 이미 각광의 조명으로 붉게 물든 무대의 커튼과 함께 시작된 서곡 같다. 끊임없이 움직이며 문과 유리창 밖에서 둔하지만 활기차게 아우성치는 도시는 우리들 각자의 삶으로 들어가는 끝없이 거대한 도입부다. 그런 특징 때문에 나는 도시에 대해 쓰고 싶은 것이다. ” [43]

이 풍경은 지바고가 만난 모스크바의 풍경이자, 보리스 파스테르나크의 눈에 비친 그 시절 모스크바의 풍경이었겠지. 모스크바야말로 그 시절 지바고에게 새로운 예술적 영감을 준 공간이었음이 분명하다.

지바고의 자취를 느낄 수 있는 곳이라면 모두 찾아서 걷고 싶었다. 모스크바에서 여러 날을 보내면서 유독 예술 극

장과 지척에 위치한 카메르게르스키라고 불리던 골목길을 자주 오갔다. 예술 극장 건물에 위치한 체호프카페 야외 테라스에서 붉은 와인을 삼키며(마시는 게 아니라 삼키는 심정으로) 그 거리를 눈과 마음으로 쫓아다녔다. 그의 희미한 옷자락 끄트머리에서 흐르는 향기라도 느끼려는 듯, 꿈꾸듯 그 골목길을 서성거렸다.

내가 서성거리던 그 길을 지바고도, 라라도, 파샤도 걸었던 것이다. 보리스 파스테르나크도 그 길을 걸으며 작품을 구상하고, 지바고와 라라의 이야기를 떠올렸으리라. 그리고 어쩜 내가 앉았던 야외 테라스 가까운 공간에서 커피나 보드카, 아니면 나처럼 와인을 한 잔 마시지 않았을까? 20세기 초반에 찍혔던 발자국들 위로 21세기의 내 발자국이 겹치고, 그 위로 또 다른 이들의 발자국들이 계속 겹쳐나가겠지. 그렇게 우리는 역사의 흔적을 함께 쌓아나가는 것이구나.

지바고의 길을 따라 여행하는 여행자들을 위해

모스크바 음악원과 커피마니아

8월 말 어느 아침, 닥터 지바고의 생애 마지막 날의 행로를 좇는 것은 설원에서 라라와의 마지막 이별을 지켜보는 것보다 더 고통스러웠다.

" 계속 하늘로 높이 솟아오르던 어두운 보라색 비구름이 니키츠카야 대문 쪽에서부터 점점 퍼지고 있었다. 천둥비가 몰려오고 있었다. 그(지바고)는 차량 왼쪽 일인용 좌석에 잔

뚝 짓눌려 창문에 붙다시피 앉아 있었다. 음악원이 있는 니키츠카야 거리의 왼쪽 보도가 내내 그의 눈앞에 있었다. 번개가 치고 천둥이 울렸다. 이 불운한 열차는 수도 없이 고장을 일으키다가 언덕길에서 또 멈췄다. 지바고는 욕지기가 치밀며 발작의 기미를 느꼈다. 겨우 참으며 자리에서 일어나 창문 줄을 힘껏 위아래로 잡아당겨 열려고 했다. 창문은 꿈쩍도 하지 않았다. 초인적인 의지로 버티면서 그(지바고)가 뒷문 쪽 사람들을 헤치고 나아가자 사람들은 또다시 욕설과 발을 차며 불평했다. 그는 그 소리에 아랑곳하지 않고 군중 속을 빠져나와 멈춘 전차의 승강대에서 내려가 한 걸음, 두 걸음, 세 걸음 내딛다가 포석 위로 거꾸러져 다시 일어나지 못했다. "[44]

음악원이 있는 니키츠카야 거리를 걷는 동안 내 마음엔 짙은 우울이 내려앉았다. 그 음악원은 바로 모스크바에 가면 꼭 가보고 싶었던 차이콥스키 기념 국립 모스크바 음악원이었다. 내가 그곳을 방문했던 날 역시 8월 말경이었지만, 날씨는 지바고가 유명을 달리했던 그날과 사뭇 달랐다.

지바고가 숨을 거두었던 마지막 날처럼 무거운 비구름을 몰고 오지 않아서, 오히려 너무 화창해서 더 슬프게 느껴졌던 날이었다. 가을인 양 서늘하고 건조한 바람이 두 뺨을 간질였고, 음악원 앞 카페에 만개한 장미꽃 향기가 코끝으로 번져왔다. 한마디로 지바고가 노면 전차를 타고 음악원을 지날 때 체감했던 고통스러울 만큼 끔찍했던 날씨와는 완전 대조적이었다. 지바고의 발자취를 따라 니키츠카야 거리를 여러 날에 걸쳐 서너 차례 오가며 걷다가 음악원을 둘러보고, 음악원 우측에 위치한 카페 커피마니아에서 커피나 와인을 마시곤 했다. 전차 차창으로 이쪽을 바라봤을 지바고의 고통스러운 시선을 상상하는 일은 내게도 힘겨운 일이었다. 니키츠카야 거리에는 이미 오래 전에 사라져버린 전차 대신 승용차만이 간간이 지나다니고 있었다.

음악원에 들렀던 주말 오후엔 방금 음악회가 끝난 후였다. 몰려나오는 관객들 사이로 훤칠한 키의 한 남성이 걸어나오고 있었다. 그 모습 속에서 파스테르나크를 순간 연상해 보기도 했다. 음악을 좋아했던 그도 분명 연주회를 관람하러 자주 음악원에 발걸음 했을 것이기 때문이다.

지바고의 길을 따라 여행하는 여행자들을 위해
쿠즈네츠키 거리

1965년에 제작한 영화 속에서는 차창 밖으로 지나가는 라라를 발견하고 급하게 내려서 쫓으며 달리다가 만나지 못한 채 쓰러져서 죽는 장면으로 그려졌다. 2002년에 리메이크한 작품에서는 카페 창밖으로 자신을 바라보던 소년(아들)을 쫓다가 쓰러져서 죽는 것으로 기억하고 있다. 영화 속에서 만난 지바고의 최후보다 원작에서 그리는 지바고의 마지막 행적을 따라가다 보면 독자 역시 고통스러워지는 묘한 체험을 하게 된다.

"파샤는 라라가 직접 구해준 예술 극장 근처 카메르게르스키 골목의 새로 지은, 집주인들이 조용한 하숙집에서 살고 있었다." [45]

"쿠즈네츠키 다리를 걸어 내려가다 쿠즈네츠키 골목을 올라가는데, 갑자기 뭔가를 보고 전율을 느꼈어요, 몹시 낯익은 카메르게르스키 골목에서요. 그곳은 내 남편 안티포프가 학생 시절에 방을 얻어 살던 곳이었어요." [46]

과거 파샤의 하숙방이 있던 집에서 지바고 역시 얼마간 살았다. 그곳에서 지바고의 장례식이 거행되던 날, 우연히 그 앞을 지나던 라라는 거기서 이제는 더이상 이 세상 사람이 아닌 파샤와 지바고의 흔적을 마주했다. 라라와 파샤, 지바고의 운명적인 연결점을 잘 알려주는 지점이다. 거의 20년을 아우르는 역사 속에서 이미 세 사람은 견고히 연결되어 있었던 셈이다.

지바고의 주검 앞에서 라라는 그에게서 풍기던 자유한 숨결이 여전히 자신을 감싸고 있음을 느꼈다. 그와 나누었던 모든 대화가 그녀의 마음속에 자유롭게 떠올랐다 날아갔음을 느꼈다. 비할 것이 없던 유일무이한 사랑, '그들이 사랑한 것은 주위의 모든 것이, 발아래 대지, 머리 위의 하늘, 구름과 나무'가 그것을 원했기 때문이며, 그것이 그들을 끌어당기고 일체가 되게 하려고 자신이 지금 지바고의 주검 앞에

인도된 것이라고 믿고 싶었을 것이다.

" 눈 속에서 우리가 헤어졌던 그날 기억해요? 그때부터 나는 살아 있는 사람이 아니었어요. " [47]

지바고의 죽음 이후 라라는 자신에게도 위안이 되는 일이라고 생각했기에 그의 원고를 정리하기 시작했다. '자신의 혈관 하나하나'로 그의 필체의 버릇까지 모두 느끼면서, 그와 했던 대화에서 함께 나누었던 사상과 공감대, 앎, 확신 같은 상념이 마음속에 자유롭게 떠올랐다 날아가는 순간들을 부여잡으며 그녀는 그의 원고와 만났다.

라라, 그녀는 자신을 '금이 가고 깨진 채 살아가는 여자'라고 비하했다. 그녀는 기생충 같은 인간인 코마롭스키 때문에 인생 최악의 밑바닥까지 일찍 알아버린 탓에, 너무 어린 나이에 빨리 여자가 되어 버렸다. 라라가 자조하듯 던진 다음과 같은 표현은 《닥터 지바고》가 내게 던진 여러 메시지 중 하나로 남았다.

" 아무도 남지 않았다. 한 사람은 죽었다. 다른 한 사람은 스스로 목숨을 끊었다. 그리고 살아남은 건 단 한 사람, 그녀가 죽여야 했고, 죽이려 했지만 죽이지 못했던 그 사람, 그녀의 인생을 그녀도 모르는 죄악의 사슬로 바꾸어버린 이질적이고 쓸모없고 하찮은 그 사람만 남았다. " [48]

한 사람은 지바고, 다른 한 사람은 파샤, 살아남은 사람은 코마롭스키이다. 세상은 참 불공평하다. 예나 지금이나 어김없이, 아니 역사 이래 줄곧. 오래 살아주길 바라는 사람들은 일찍 가버리고, 빨리 사라져주길 바라는 사람들은 주변을 고통스럽게 하며 오래도록 생존하는 경우가 많다. 이 얼마나 어긋난 이치인가? 라라가 상념에 젖어 자신의 불행에 침잠한 가운데 읊조렸던 저 애잔한 독백에 우리는 어떻게 화답할 수 있을까?

" 어느 날 그녀(라라)는 집에서 나가 다시는 돌아오지 않았다. 그녀는 당시 거리에서 체포되어 북쪽에 있는 수많은 일반 수용소나 여자 수용소 중 하나로 들어가 그곳에서 죽었거나, 아니면 나중에 소실된 명단 속 이름 없는 번호가 되어 잊혀버린 채 소식이 끊어진 것으로 보인다. " [49]

그녀가 체포된 장소 역시 쿠즈네츠키 거리 어디쯤이 아니었을까? 쿠즈네츠키 지하철역에서 내려 라라의 발자취를 따라 그 거리의 낮과 밤을 여러 차례 걸어보았다. 젊은 날, 파샤와의 미래를 꿈꾸며 걸었을 거리, 그리고 모두를 잃고 허무감에 빠져 걸었을 그 거리를 천천히 걸었다.

세 사람의 비극적인 생애와는 아무 관계가 없다는 듯 그 거리에는 활기찬 공기가 넘실댔다. 다양한 거리 뮤지션들의 공연 앞으로 모여든 행인들을 바라보았다. 그들 속에서 젊은 날의 라라를 찾아보았다. 라라를 열광적으로 사랑해서 그녀 말이라면 무엇이든 들어주었던 파샤를 떠올려보았다. 그들 속에서 지바고의 모습도 그려보았다. 우울의 늪에 빠져 있던 그의 고통스러운 눈빛을... 그 눈빛은 현란하게 빛나는 쿠즈네츠키 밤거리와 너무나 대조적이었다. 그래서 그 거리를 걷는 동안 내 마음에도 역시 잿빛 우울이 깔렸다.

지바고의 길을 따라 여행하는 여행자들을 위해

구세주 그리스도 대성당

" 갑자기 비구름 속에서 햇빛에 반짝이는 굵은 여우비가 비스듬히 떨어지기 시작했다. 지바고가 미처 주의를 돌릴 틈도 없이 언덕 저쪽에 구세주 그리스도 대성당이 나타났고, 뒤이어 둥근 지붕, 지붕들, 도시의 집들과 굴뚝들이 보였다. "모스크바입니다." 그가 침대칸으로 가서 말했다. " 50

　모스크바를 찾는 여행자마다 그 도시에서 특히 기억에 남는 장소가 있을 것이다. 내게는 구세주 그리스도 대성당이 그런 장소 중 하나다.《닥터 지바고》에서 구세주 그리스도 대성당을 언급했을 때 지바고의 시선으로 대성당을 바라보고자 했다. 열차 안이 아닌 모스크바강 주변 카페에서 바라본 시선이었지만, 지바고가 긴 열차 여행 끝에 모스크바에 입성했다는 걸 실감을 할 수 있을 만큼 상징적인 공간임이 분명했다.

특히 대성당 뒤편으로는 모스크바강을 가로지르는 총대 주교라는 아름다운 보행자 다리가 있다. 일몰 시간 즈음 이 다리를 산책한 후, 카페 스트렐까(Strelk)에서 보냈던 시간 은 형언할 수 없을 만큼 찬란해서 나를 달뜨게 했다. 그곳에 서 조망한 모스크바강 건너편의 위풍당당한 구세주 그리스 도 대성당은 서산으로 기우는 석양을 배경으로 웅장한 멋 을 발산하고 있었다.

" 닥터(지바고)는 1922년 봄에 모스크바에 도착했다. 따 뜻하고 화창한 날들이 이어졌다. 구세주 성당의 황금빛 둥 근 지붕 위에 반사된 햇살이 네모난 돌로 포장된 틈새에 풀 이 무성하게 자란 광장으로 쏟아졌다. " [51]

구세주 그리스도 대성당은 19세기에 세워진 정교회 성당 이다. 민중들에게는 국가의 안위와 수호를 상징하는 상징 적 건물로 여겨졌으며, 나폴레옹 전쟁 당시 이름도 없이 죽 어간 무명용사들을 기리기 위한 기념비적 의미를 지닌 건 축물이었다.

이후 스탈린 집권 당시 모스크바 도시 재건축 사업의 일 환으로 철거했다가, 모스크바 탄생 850주년을 기념해 1997 년에 현재의 모습으로 재건축했다고 한다.

작품 해설

닥터 지바고

닥터 지바고

줄거리

어린 나이에 고아가 된 유리 지바고는 그로메코가에 입양되어 성장한다. 그는 사회의 여러 뒷면들을 목격하게 되고, 의학에 뜻을 두어 힘든 사람들을 돕고자 마음먹는다. 그로메코가의 딸 토냐와 장래를 약속하지만 라라와의 운명적인 만남이 몇 차례 이어진다.

라라는 육적인 인간 코마롭스키에게 겁탈당하고 무도회장에서 그에게 총상을 입힌다. 이후 라라는 혁명가 파샤와 결혼해서 자신의 고향인 유랴틴에서 아이들을 가르치고 일하며 행복하게 자신이 꿈꾸던 삶을 살아간다. 제1차 세계 대전 중 군의관으로 참전한 지바고는 그곳에서 종군 간호부가 되어 파샤를 찾으러 온 라라와 우연히 만나서 사랑의 감정을 확인한다. 하지만 전쟁이 끝난 후 지바고는 모스크바로, 라라는 유랴틴으로 떠나면서 헤어진다.

혁명 정부 수립 후 지바고와 같은 지식인들은 우선 숙청 대상이었다. 지바고는 이를 피해 우랄산맥의 바리키노에서 궁핍하지만 평화로운 전원생활을 시작한다. 이후 우연히 들른 유랴틴 도서관에서 라라와 운명처럼 재회한다.

이때부터 지바고는 라라와 토냐 사이에서 고뇌와 갈등을 번복하며 이중 밀회를 이어가다가 토냐에게 고백하기로 결심하던 중, 파르티잔 부대에 의해 의료 노동자로 강제 징집된다. 2여 년의 빨치산 생활 동안 여러 차례 탈출에 실패한 후 마침내 탈출에 성공한다.

지바고는 라라의 극진한 간호로 건강을 회복하지만 두 사람은 코마롭스키의 계략으로 다시 헤어지게 된다. 지바고의 생사를 확인할 수 없었던 그의 가족은 파리로 떠난다. 이후 지바고는 모스크바에서 '마리나'라는 여성과 재혼해서 살던 중, 고장 난 전차에서 내리다가 사망한다.

닥터 지바고
작품 해설

　파스테르나크의 유일한 장편 소설《닥터 지바고》는 그의 문학적 인생이 집약되어 있다고 해도 과언이 아니다. 격동기 역사 속에서 지식인인 유리 지바고가 겪어낸 비참한 운명은 동시대를 살았던 작가 파스테르나크의 경험과 상당 부분 닮아있어서 이 소설은 그의 분신 같은 존재로 받아들여졌다.

　《닥터 지바고》는 소련의 인텔리겐치아의 생애와 죽음에 대한 이야기이다. 소설의 구성은 다소 산만하게 느껴지며, 우연한 사건이 꽤 많다고 생각했다. 그에 비해 지바고의 고뇌하는 모습은 선명하게 부각되었으며, 자신이 추구하는 진리와 예술의 의미를 지키고자 애썼던 인물로 설득력 있게 그려졌다. 실제 파스테르나크는 정치나 사회에 깊이 관여하지 않고 객관적인 태도로 그 당시 소련의 체제에 대립했던 인물로 알려졌으며, 스탈린의 고향 조지아 시인들의 작품을 번역했던 이력 덕분에 숙청에서 제외됐다는 이야기도 있다. 때문에 그는 혁명기에 유명을 달리한 동료들에게 속죄하는 마음으로《닥터 지바고》를 썼다고 한다.

《닥터 지바고》에는 그가 직접 겪었던 제1차 세계 대전, 러시아 혁명과 적백내전, 스탈린 시대와 제2차 세계 대전, 이후 냉전 시대까지의 역사와 파란만장했던 시대 상황, 개개인의 운명적 갈등, 정신적 고독과 방황, 옳고 그름의 잣대로 판단할 수 없는 사랑을 방대하게 그려내고 있다. 대서사시를 방불케하는 많은 인물들의 세계관 등 인생철학이 담겨있는 걸작으로 국제적인 베스트셀러가 됐지만, 정작 소련에서는 비밀리에 유포되었다고 한다.

창조적 예술가의 기질을 지녔던 유리 지바고가 젊었을 때 쓴 몇 편의 시가 사후에 발견되고, 작품의 마지막 17장에 25편의 시들이 첨부되었다. 보리스 파스테르나크가 이 작품에서 시도했던 장르는 '시소설'로, 그는 이 작품을 발표하면서 다음과 같이 밝혔다.

" '유리 지바고의 시'는 소설을 쓰기 위한 중요한 발판이었다. 이 소설은 시와 소설을 접목한다는 데서 윤곽을 정할 수 있었다. "

이 작품은 스탈린 사후 해빙기에 출간될 희망이 보였으나, 원고 검토 후 '10월 혁명의 주역인 인민, 소련의 사회 건설을 중상했다'는 이유로 출간 금지령이 내려졌고, 1957년에 자국이 아닌 이탈리아에서 최초의 러시아어판으로 출간되는 이변을 낳기도 했다. 소설뿐 아니라 영화 역시 1994년에 이르러서야 러시아에서 첫 상영을 했다고 하는데, 한국에서는 그에 앞서 이미 1960년대 후반에 상영했다는 것과 비교한다면 아이러니한 일이 아닐 수 없다. 내가 1978년에 이 영화를 스카라극장에서 관람했던 것은 1960년대 후반에 대한극장에서 개봉한 뒤 재개봉한 것이었다. 그러고보니 42년 전에 관람한 것인 터라, 스카라극장에서 상영했던 게 과연 맞나 하는 의구심이 들기도 한다.

《닥터 지바고》가 1958년 노벨문학상 수상작으로 결정되었다. 보리스 파스테르나크는 무척 기쁘다고 소감을 밝혔으나 당시 자신이 속한 사회의 언론들로부터 배신자라는 공격을 받았다. 국외 추방 여론까지 들끓자 당시 서기장인 후르시초프에게 "조국을 떠나는 것은 나에게 죽는 것과 같으니 선처를 바란다."라는 탄원서를 보낸 후 노벨상을 거절하는 서한을 보냈다.

소련 정부의 정치적인 압력과 저지로 수상을 거부할 수밖에 없었던 보리스 파스테르나크는 냉전의 소용돌이 속에서 2년 후인 1960년, 페레델키노에서 지병인 폐암과 심장병을 앓다가 70세에 숨을 거두었다.

1958년 노벨문학상 수상작인 《닥터 지바고》를 대적했던 작품은 바로 그 유명한 니코스 카잔차키스의 《희랍인 조르바》였었는데 수상 작품이 뒤바뀌었다면 파스테르나크와 카잔차키스, 두 작가의 생애가 좀 달라졌을까?

  금서였던 《닥터 지바고》는 1988년에서야 소련에서 출판됨으로써 보리스 파스테르나크의 명예는 복권되었다. 그가 받지 못했던 노벨문학상은 다음 해인 1989년에 파스테르나크의 장남 예프게니 파스테르나크가 대리 수상했다.

나는 덫에 갇힌 짐승처럼 끝장났다.
어딘가에 인간이, 자유가, 빛이 있을 텐데
그러나 시끄러운 소리만이 나를 다그친다
벗어날 수가 없다

내가 무슨 더러운 일이라도 했단 말인가?
내가 살인자나 악당이라도 된단 말인가?
나는 내 땅의 아름다움을 써서
온 세상이 울게 만든 것인데

                    - 보리스 파스테르나크가 죽기 1년 전에 쓴 詩
                                    〈노벨상〉 일부

작가 소개

보리스 파스테르나크(1890-1960)는 1890년, 모스크바의 교양 있는 유대인계 러시아인 가정에서 대학교수인 부친과 피아니스트인 모친의 장남으로 태어남. 1908년 모스크바대학교 법학부 입학, 음악적 재능을 보이고 작곡도 함. 이듬해 철학과로 전과. 독일에서 철학자 헤르만 코엔의 지도하에 철학을 공부함. 전공은 철학이었으나 음악에 더 흥미를 가짐. 시를 쓰기 시작함. 1913년 최초로 시를 발표하면서 작가의 길로 들어섬. 1914년 첫 시집 《먹구름 속의 쌍둥이》를 출간, 이후 《방책을 넘어서》, 《나의 누이, 인생》, 《주제와 변주》, 《제 2의 탄생》, 《새벽 열차를 타고》 등을 지속적으로 발표함. 1934년 1차 소비에트 작가동맹회의에서 파스테르나크의 작품을 둘러싼 논란이 격렬해짐. 이후 창작 활동을 하지 못한 채 번역에 전념함. 괴테의 《파우스트》를 비롯해 많은 외국 문학 작품과 조지아 시인들의 작품을 번역함. 이 시기의 침묵은 스탈린 시대의 숙청이 파스테르나크에게 미친 유형무형의 압력이 상당했다는 것을 반증함. 1945~1956년, 출판에 대한 기대 없이 모스크바 근교 페레델키노 작가촌 별장에서 침묵과 고독 속에서 오랫동안 숙고했던 장편 소설 《닥터 지바고》 집필을 시작함. 1960년 5월 30일, 페레델키노 작가촌 별장에서 사망.

- 로쟈의 길 위에서

1. 표도르 도스토예프스키, 《죄와 벌》, 김희숙 옮김, 을유문화사, 2012, 상권 p9

2. 표도르 도스토예프스키, 《죄와 벌》, 김희숙 옮김, 을유문화사, 2012, 상권 p9

3. 표도르 도스토예프스키, 《죄와 벌》, 김희숙 옮김, 을유문화사, 2012, 상권 p71

4. 표도르 도스토예프스키, 《죄와 벌》, 김희숙 옮김, 을유문화사, 2012, 상권 p388 - 389

5. 표도르 도스토예프스키, 《죄와 벌》, 김희숙 옮김, 을유문화사, 2012, 하권 p245

6. 표도르 도스토예프스키, 《죄와 벌》, 김희숙 옮김, 을유문화사, 2012, 상권 p125

7. 표도르 도스토예프스키, 《죄와 벌》, 김희숙 옮김, 을유문화사, 2012, 상권 p128

8. 표도르 도스토예프스키, 《죄와 벌》, 김희숙 옮김, 을유문화사, 2012, 상권 p138

9. 표도르 도스토예프스키, 《죄와 벌》, 김희숙 옮김, 을유문화사, 2012, 상권 p138

10. 표도르 도스토예프스키, 《죄와 벌》, 김희숙 옮김, 을유문화사, 2012, 상권 p146 - 148

11. 표도르 도스토예프스키, 《죄와 벌》, 김희숙 옮김, 을유문화사, 2012, 상권 p463

12. 표도르 도스토예프스키, 《죄와 벌》, 김희숙 옮김, 을유문화사, 2012, 하권 p248 - 253

13. 표도르 도스토예프스키, 《죄와 벌》, 김희숙 옮김, 을유문화사, 2012, 하권 p434 - 435

14. 표도르 도스토예프스키, 《죄와 벌》, 김희숙 옮김, 을유문화사, 2012, 하권 p445

15. 표도르 도스토예프스키, 《죄와 벌》, 김희숙 옮김, 을유문화사, 2012, 하권 p474

16. 표도르 도스토예프스키, 《죄와 벌》, 김희숙 옮김, 을유문화사, 2012, 하권 p476

17. 표도르 도스토예프스키, 《죄와 벌》, 김희숙 옮김, 을유문화사, 2012, 상권 p462

18. 안나 도스토옙스카야, 《도스토옙스키와 함께한 나날들》, 최호정 옮김, 엑스북스, 2018, p312 - 313

19. 표도르 도스토예프스키, 《죄와 벌》, 김희숙 옮김, 을유문화사, 2012, 상권 p11

20. 표도르 도스토예프스키, 《죄와 벌》, 김희숙 옮김, 을유문화사, 2012, 상권 p125

21. 표도르 도스토예프스키, 《죄와 벌》, 김희숙 옮김, 을유문화사, 2012, 상권 p127

22. 표도르 도스토예프스키, 《죄와 벌》, 김희숙 옮김, 을유문화사, 2012, 상권 p106

23. 요한복음 12장 24절

- 지바고의 길 위에서

24. 보리스 파스테르나크, 《닥터 지바고》, 박형규 옮김, 문학동네, 2018, 2권 p75 -76

25. 보리스 파스테르나크, 《닥터 지바고》, 박형규 옮김, 문학동네, 2018, 2권 p320

26. 보리스 파스테르나크, 《닥터 지바고》, 박형규 옮김, 문학동네, 2018, 2권 p55

27. 보리스 파스테르나크, 《닥터 지바고》, 박형규 옮김, 문학동네, 2018, 1권 p96

28. 보리스 파스테르나크, 《닥터 지바고》, 박형규 옮김, 문학동네, 2018, 1권 p150

29. 류시화, 《시로 납치하다》, 더숲, 2018, p159

30. 보리스 파스테르나크, 《닥터 지바고》, 박형규 옮김, 문학동네, 2018, 2권 p47

31. 보리스 파스테르나크, 《닥터 지바고》, 박형규 옮김, 문학동네, 2018, 2권 p51

32. 보리스 파스테르나크, 《닥터 지바고》, 박형규 옮김, 문학동네, 2018, 2권 p89

33. 보리스 파스테르나크, 《닥터 지바고》, 박형규 옮김, 문학동네, 2018, 1권 p90

34. 보리스 파스테르나크, 《닥터 지바고》, 박형규 옮김, 문학동네, 2018, 2권 p439 - 440

35. 보리스 파스테르나크, 《닥터 지바고》, 박형규 옮김, 문학동네, 2018, 2권 p338 - 339

36. 보리스 파스테르나크, 《닥터 지바고》, 박형규 옮김, 문학동네, 2018, 2권 p267

37. 보리스 파스테르나크, 《닥터 지바고》, 박형규 옮김, 문학동네, 2018, 2권 p234

38. 보리스 파스테르나크, 《닥터 지바고》, 박형규 옮김, 문학동네, 2018, 2권 p268

39. 보리스 파스테르나크, 《닥터 지바고》, 박형규 옮김, 문학동네, 2018, 2권 p453

40. 보리스 파스테르나크, 《닥터 지바고》, 박형규 옮김, 문학동네, 2018, 2권 p290 - 299

41. 보리스 파스테르나크, 《닥터 지바고》, 박형규 옮김, 문학동네, 2018, 2권 p456

42. 보리스 파스테르나크, 《닥터 지바고》, 박형규 옮김, 문학동네, 2018, 2권 p375 - 376

43. 보리스 파스테르나크, 《닥터 지바고》, 박형규 옮김, 문학동네, 2018, 2권 p378 - 379

44. 보리스 파스테르나크, 《닥터 지바고》, 박형규 옮김, 문학동네, 2018, 2권 p379 - 382

45. 보리스 파스테르나크, 《닥터 지바고》, 박형규 옮김, 문학동네, 2018, 1권 p122

46. 보리스 파스테르나크, 《닥터 지바고》, 박형규 옮김, 문학동네, 2018, 2권 p389

47. 보리스 파스테르나크, 《닥터 지바고》, 박형규 옮김, 문학동네, 2018, 2권 p399

48. 보리스 파스테르나크, 《닥터 지바고》, 박형규 옮김, 문학동네, 2018, 2권 p394

49. 보리스 파스테르나크, 《닥터 지바고》, 박형규 옮김, 문학동네, 2018, 2권 p400

50. 보리스 파스테르나크, 《닥터 지바고》, 박형규 옮김, 문학동네, 2018, 1권 p258

51. 보리스 파스테르나크, 《닥터 지바고》, 박형규 옮김, 문학동네, 2018, 2권 p354

여행은 힘과 사랑을
그대에게 돌려준다. 갈 곳이 없다면
마음의 길을 따라가 보라.
그 길은 빛이 쏟아지는 통로처럼
걸음마다 변하는 세계,
그곳을 여행할 때 그대는 변화하리라.

- 잘랄루딘 루미의 <여행>